Enies Aquariengeschichten

# Enies
# Aquariengeschichten

Enie van de Meiklokjes

Tetra Verlag GmbH

Bildnachweis:
Kai Arendt (154, 155), Dennerle/©Uli Sapountsis Kaiserslautern (Titelbild, 12), Reinhard Dirscherl (150, 151, 170, 171, 173, 175, 179), Werner Fiedler (144-145, 158, 159), Frank Liczkowski (169), Chris Lukhaup (180, 187, 188), Hans-Joachim Richter (164, 165, 166), Frank Schäfer (156), Ingo Seidel (160, 161, 162, 167, 185), Uwe Werner (163, 168), Ruud Wildekamp (157), alle übrigen Aufnahmen Hans-Joachim Herrmann

Autorin und Verlag danken den Bildautoren sowie der Berliner Zoofachhandlung Aquarium Meyer und Sealife Berlin für die Möglichkeit, in ihren Räumen Fotos für dieses Buch aufzunehmen, aber auch für fachliche Unterstützung. Der Firma Dennerle danken wir für die werbliche Begleitung. Ein besonderer Dank für mannigfache Unterstützung in Sachen Organisation, Medienarbeit und Terminabstimmung geht an Shilan Maroofi („pool position management gmbh", Köln)

© 2011 Tetra Verlag GmbH
   Am Markt 5, 16727 Berlin-Velten

   www.tetra-verlag.de

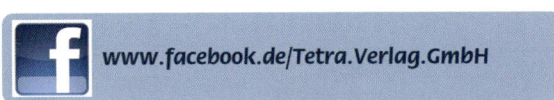

1. Auflage 2011

Druck: Kössinger AG – www.koessinger.de

ISBN: 978-3-89745-140-7

Enie van de Meiklokjes wurde am 01. August in Potsdam geboren. Nach erfolgreichem Abschluss der Oberschule erlernte sie ihren Traumberuf der Schauwerbegestalterin, Dekorateurin. Sie übt ihn noch heute gern in ihrer Freizeit aus, denn kein Haus, keine Wohnung sind vor ihr und ihrem kritischen Blick sicher. Im Sommer 1996 begann Enie beim Musiksender VIVA ihre Moderatorentätigkeit. Nicht nur in den Clipstrecken („Chartsurfer", „Was geht ab?", „Neu bei VIVA") zeigte sie ihr Moderationstalent, sondern auch ihre komische Seite in der Sendung „VIVA Family". Im Herbst 1999 wurde Enie Moderatorin von „BRAVO TV" und führte zwei Jahre durch die Sendung auf RTL2. Ab Oktober 2001 arbeitete Enie frei und moderierte z.B. im November 2001 die „BAMBI-Verleihung" in der ARD. Anfang 2002 übernahm sie wieder einen festen Auftrag: Sie wurde Agentin für Spezialfälle in der Kindersendung „PuR", das Infomagazin auf „ZDF tivi". Von Januar 2003 bis Ende 2005 war Enie zudem das Gesicht für „Lola – Das Magazin für Frauen" auf ARTE und von Juni 2004 bis Mai 2005 moderierte Enie „Weck Up", das Morgenmagazin auf SAT.1. Seit September 2004 führte Enie täglich durch das VOX-Magazin „Wohnen nach Wunsch – Ein Duo für vier Wände!", seit 2008 „Wohnen nach Wunsch – Das Haus" auf VOX. 2010 moderierte sie die SWR-Sendereihe „Nie wieder keine Ahnung" (Malerei), die aufgrund des Erfolges 2011 mit dem Thema „Architektur" fortgesetzt wurde. Aber auch neben ihrer TV-Tätigkeit ist Enie nicht untätig: Zahlreiche Hörbuchproduktionen, TV-Auftritte als Moderatorin und als Gast, TV-Synchronisationen und Veranstaltungsmoderationen, Interviews und Fotostrecken sorgen für eine Menge Abwechslung in Enies Leben – wie nun auch ihr neuestes Schaffensfeld als Buchautorin: „Enies Aquariengeschichten". Und Enie ist vielen Jahren leidenschaftliche Aquarianerin. Daraus resultieren ihre lustigen Aquariengeschichten.

# INHALT

# ZUM ERSTEN MAL
# NASS GEWORDEN

Snugata war schuld daran, dass ich zum ersten Mal nass geworden bin. Oder besser: dass ich mich für eine Wasserwelt zu interessieren begann, die ich gar nicht erreichen konnte. Snugata ist eine Seenadel mit gepunktetem Kopftuch, die mit einer Muschel und anderen Meeresbewohnern befreundet ist. Zumindest in einer Trickfilmreihe, die im DDR-Fernsehen für das Sandmännchen produziert wurde. Und Snugata gefiel mir, denn sie war lustig und führte Kinderaugen in eine Unterwasserwelt. Sie regte damals meine kleine Mädchenphantasie zum Träumen an. Ein absonderliches Reich mit skurrilen Tieren, Algen, schönen Steinen, Muschelschalen und vielen kleinen Akteuren hatte ich mir zusammen geträumt. Und dann gab es ja die Geschichten aus dem Trickfilm, die ich für mich ausschmückte und zu Love-stories ergänzte, denn so etwas zeigte das prüde Sandmännchen eben nicht. Wie die Puppen im Puppenhaus ließ ich meine Seenadeln, Fische, Muscheln, Seesterne und Seeigel miteinander leben, lieben und streiten. In meinem Köpfchen spielten sich damals heiße rosa Soaps unter Wasser ab. Nur gefressen wurde keiner, irgendwie musste immer alles gut ausgehen.

Ich bin in Potsdam aufgewachsen, deshalb gehörte das Sandmännchen für mich in den Kindergarten- und Schuljahren zum Alltäglichen. Aber durch die Nähe Westberlins gab es natürlich auch guten Empfang für die damals ausgestrahlten öffentlich rechtlichen Fernsehsender der anderen Hälfte. Als ich älter geworden war, sah ich alles, was irgendwie mit dem Meer und der Wasserlebewelt zu tun hatte, also die

Selbst beim Optiker interessierte ich mich eher für das Aquarium im Geschäft als für die Brillen

So einen hübschen Unterwassergarten wollte ich schon immer haben, denn ein richtiger ist im 7. Stock nicht möglich

berühmten Reportagen von Jacques COSTEAU, Filme von Hans HASS, aber auch die zoologischen Sendungen von Prof. DATHE (Ost) und Prof. GRZIMEK (West). Stück für Stück sammelte ich Wissen über die Lebewesen des Wassers, ganz unbewusst und spielerisch. Irgendwie so, wie ich auch Musik, die mir gut gefällt, gleich mitträllern kann. Klar, ich bin nie eine Biologin geworden, kenne viele Details überhaupt nicht. Doch die Faszination hat sich bis heute gehalten und fesselt mich, wenn ich irgendwie mit Fischen, Krebsen, Muscheln & Co. zu tun habe. Außerdem gab es bei uns zu Hause Guppys. Fast jeder hatte welche. Überall, wo ich bei Freunden zu Gast war, schwammen diese Fische herum. Und ich bemühte mich stets „wie ein Guppy" (das sagte man damals so), war also fleißig.

Diese für ein Telemädchen ungewöhnliche Neigung wird zwar manchmal spöttisch belächelt von einem Moderatorenkollegen, der seine eigenen Neigungen tunlichst verbirgt oder ein Doppelleben führt. Sie brachte mir aber auch neue Freunde ein, den Biologen und Verleger dieses Buches, Dr. Hans-Joachim HERRMANN, und seinen Mann Eckhard GRELL-HERRMANN. Sie zeigten mir eine Hobbywelt, in der richtige Konzerne existieren, die nur Heimtierprodukte herstellen. Eine imposante,

Hell, nicht zu groß und schön gestaltet muss es sein, (m)ein Aquarium, so wie dieses von der Firma Dennerle

In den chinesischen Restaurants faszinieren mich immer die Goldfisch- und Koibecken, hier ein Indoor-Teich

betuchte und sehr spezielle Lobby. Jetzt weiß ich viel mehr, habe mehrere Aquarien und besuchte unzählige Messen, Schaueinrichtungen und Fachveranstaltungen. Ein Hersteller buchte mich sogar für Werbezwecke, welche Ehre! Und meine Verlegerfreunde hatten die

Idee, dass ich ein paar meiner Aquariengeschichten aufschreibe. Nichts Fachliches, das könnte ich gar nicht, aber vielleicht ein paar lustige Begebenheiten, die mir und anderen Freunden aus meiner Zunft passiert sind. Also quasi meine speziellen Aquariengeschichten. Meine Verleger-Freunde haben versucht, meine Gedanken in stilvolle Schreibform zu fassen. Gemeinsam mit ihnen hoffe ich, dass diese kleine Plauderei für gestandene Aquarianer und Terrarianer genau so amüsant erscheint wie für Leser, die mich vom Bildschirm als Moderatorin kennen.

Sollte das gelungen sein, so schreiben Sie es bitte dem Verlag, denn mich interessiert ja auch, wie das Buch ankommt. Beim Fernsehen gibt es ja die viel diskutierte Einschaltquote als Maß. Als Moderatorin erhalte ich aber auch persönlich ein Feedback darüber, was die Zuschauer über meine Arbeit denken, fast immer, wenn ich Autogramme gebe oder einfach auf der Straße angesprochen werde. Beim Schreiben möchte ich das anders machen. Darf ich Sie ködern wie einen Fisch?

Jeder, der dieses Buch direkt bei einer Signierstunde erwirbt, bekommt von mir einen handschriftlichen Autoreneintrag. Das ist mir die Sache wert, mein feuchtes Hobby, das von einer Kinderträume-

Da kann ich nur staunen: So schön dekorierten Profis ein Aquarium für ein Shooting mit mir

rei zur ausgewachsenen Aquaristik wurde und das mir mindestens so wichtig ist wie meine Vorliebe für Inneneinrichtung, 50er-Jahre-Möbel, Burlesque-Sessions, skandinavische Männer oder absonderliche Klamotten. Habe ich Sie schon an der Angel oder besser im Kescher? Ich werde Sie gut pflegen, versprochen, aber lesen Sie weiter, Sie werden es nicht bereuen!

# MEIN DESIGNER-AQUARIUM UND DER MOLLY MARCO

Sehr jung und unerfahren schnellte ich in für mich damals ungewohnte Sphären der Fernsehunterhaltung. Das brachte mir Freiheit und die Möglichkeit, es mir in eigenen, immer wieder wechselnden Wohnungen so gemütlich zu machen. Klar, als Moderatorin ist man die Hälfte des Lebens irgendwo zwischen Studio, Redaktion und Cityjet. Aber nicht nur deshalb kam für mich lange Zeit kein felliges oder gefiedertes Haustier in Frage. Vor ein paar Jahren hüpfte ein stattlicher Weimaraner-Mischling in mein Leben, der natürlich meine Fürsorge, viel Zeit und manchmal auch intensive Hingabe fordert. Das ist nicht immer so einfach. Tierpflege muss ganz oder gar nicht erfolgen, deshalb entschied ich mich erst spät für ein solches Haustier. Zuvor musste es aber unbedingt ein Stück Unterwasserwelt sein, das ich mir in meine Wohnumwelt holen wollte. Davon hatte ich so lange geträumt. Ein Aquarium ist ja vergleichsweise wenig pflegeaufwendig. Das verkennen viele Leute und wagen sich deshalb nicht heran. Man braucht nicht immerzu da zu sein, wenn man nur pflegen, nicht aber züchten möchte. Vermehren wollte ich aber zunächst nichts als meine aquaristischen Erfahrungen. So entschied ich mich schlichtweg für ein stinknormales Süßwasser-Gesellschaftsaquarium.

Auf in den Kampf gegen Algen und Mulm im Aquarium, die Waffen: Pinzette, Schere, Kescher

Stinknormal? Nein, das wäre nicht nach meinem Credo, ich wollte kein langweiliges Eichenholz-Möbelaquarium. Aber auch kein vor Technik strotzendes Ungetüm, das automatisierter wirkt als ein Apollo-Spaceshuttle. Eine Berliner Firma baute mir mein sauteures Unikat. Einen Würfel aus Plexiglas mit ein wenig Technik (nur ein Filter). Ohne künstliche Beleuchtung ziert dieses offene Aquarium seither meine diversen Wohnungen. Klar, später blieb es nicht bei dem einen Aquarium, aber in den ersten Jahren wollte ich nicht mehr. Immerhin musste ich Erfahrungen sammeln, Lehrgeld bezahlen und etliche Male umziehen mit dem Designerstück.

Algenprobleme gab es kaum mit meinem Aquarium. Ich gebe es zu, durch das umtriebige Moderatorenleben gab es keine regelmäßigen Wasserwechsel. Ich hatte irgendwie kein schlechtes Gewissen. Mein Stammzoohändler in der damals noch existierenden Berliner Zoohandlung „Zierfische" in einem der Frankfurter-Tor-Türme sagte immer, dass meine Fische, wie er sich ausdrückte, „im eigenen Pipi schwämmen". Ich laufe oft an einem Tümpel im grünen Speckgürtel Berlins entlang, wo kaum Regen hinkommt und in ganz wenig Wasser Stichlinge leben. Da macht auch keiner Wasserwechsel. Also musste das doch vertretbar sein. Später gaben mir

Meine Aquarien sehen zwar anders aus als professionelle Schaubecken, die Pflanzen wachsen aber auch gut

meine Verlegerfreunde Diana WALSTADS
Buch „Das bepflanzte Aquarium" zum
Lesen. Jetzt verstehe ich, dass ich gar
nicht so falsch lag.

Was hatte ich in meinen Plexiglaswürfel
eingebracht? Zunächst eine dicke Schicht
feinen, hellen Aquariensand.
Ungewaschen, aber vorsichtig mit
Wasser aufgefüllt, damit nichts aufwir-
belt und trübt. Dann ein paar schöne
Steine. Und natürlich Aquarienpflanzen,
darunter Vallisnerien, die robust sind
und mit wenig Licht auskommen. Das
klappte gut, war sauber und sah für mein
Verständnis bezaubernd aus. Ich kenne
heute die Meisteraquarien der
Aquascaper. So ein unglaublicher
Gestaltungsaufwand ist natürlich faszi-
nierend. Aber passt so etwas zu mir und

Mein Hund Felix und ich sind Aquarienliebhaber, Felix hat seinen Lieblingsplatz im Aquarienzimmer

Solche meisterhaft eingerichteten Aquascaper-Aquarien gefallen mir, aber ich habe schlichter gestaltete

in meine Wohnung? Ich blieb beim Irdischen, mir reichten die wenigen aparten Pflanzen.

Aber nun: die Fische! Zart besaitete oder militante Ökologie-Aquarianer überspringen bitte besser diesen Abschnitt, damit ich nicht für deren zerrüttetes Selbstverständnis verantwortlich gemacht werden kann. Natürlich

wurde ich mannigfach beraten, welche
Fische zueinander passen. Aber ich war
doof. Ich driftete in meiner Innen-
designerlust ins Bunte und Aparte ab.
Ich war also weitgehend egoistisch.
Immerhin, ich gehöre der am höchsten
entwickelten Spezies an. Da nahm ich
ausnahmsweise mal als Privileg in
Anspruch, dass ich bestimme, wer zu
mir in den Würfel darf. Das waren

Der letzte meiner Papagei-Buntbarsche im Designeraquarium, ja, ich weiß, nicht jeder mag solche Fische

zuerst ein paar Mollys. Die fand ich so mollig-mopsig. Die Mollys erinnerten mich an eine elegant daher schreitende Afrikaner-Mutti. Andererseits an einen dümpelnden Eppelkahn, so gar nicht torpedolike. Das fand ich süß. Kindchenschema unter Wasser für die Träumerin von der Puppenstube als Aquarium.

Ach so, wo liegt das Problem? Bei den weiteren Arten, die ich dazu gesellte. Das waren zunächst einige

Schleierschwänze. Jetzt werden die Bedenkenträgeraquarianer aufschreien. Und sicher auch manche Rezensenten dieses Buches. Die mit meinen Verlegern konkurrierenden Redakteure spitzen ihre Fingernägel, um oberscharfe Verrisse dieser Zeilen für die Buchbesprechungen in die Tasten zu hauen. Wie kann man nur! Aber in meinem Würfelbecken funktionierte alles prächtig. Ich hatte die Aquarienheizung ausgeschaltet, weil es in meinem Wohnumfeld eine so warme Atmosphäre gibt, dass sich auch die

Zwei meiner Mollys als ihre kleine Würfelwelt noch in Ordnung war

Fische wohlfühlen. Und zwar die Mollys genau so wie die Schleierschwänze. Sie kamen wunderbar miteinander aus. Die Mollys zupften an den Pflanzenblättern spärlich wachsende Algen ab und verzehrten Reste vom Aquarienboden. Als ich das Aquarium nach einem Umzug relativ nah an ein Fenster stellen musste, schafften sie das nicht ganz. Deshalb riet mir mein „Personal Pet Shop Boy" aus der Turm-Pet-Shop damals zu einigen emsigen Saugern und Bläsern. Er nannte sie *Otocinclus*. Es waren Ohrgitterwelse. Sie machten sich über alle Algenbeläge her, die von den Mollys nicht mehr bewältigt werden konnten. Und es klappte wunderbar.

Die Ohrgitterwelse hatten in meinem Aquarium einiges zu tun

Die Buchautorin Diana WALSTAD hätte sich gefreut über mein sauberes Würfelaquarium. Ich fütterte reichlich, denn die Schleierschwänze hatten einen enormen Stoffumsatz. Dazu bewegten sie sich nicht all zu schnell. Bei ihnen war eben alles schwanzverschleiert. Diese Fische sind quasi kleine Karpfen. Und Karpfen machen Dreck. Den brauchten meine Vallisnerien. Sie wuchsen deshalb prächtig ohne zusätzliche Düngung. In meiner Unwissenheit hatte ich zufällig alles richtig gemacht. Nicht zu viel Licht, ausreichend Nährstoffe für die Pflanzen, doch nicht zu viele. Die langen Blätter der Vallisnerien schwammen an der Wasseroberfläche. So wurde überschüssiges Nitrat nach außen abgegeben. Allmählich hatten sich bei mir Erkenntnisse und Erfahrungen in meiner persönlichen Aquarienpraxis als richtig erwiesen, die ich vorher in Fachbüchern gelesen hatte.

Alles blubberte so friedlich vor sich hin. Mehrere Jahre lang. Bis Marco, einer der Mollys, Alleinherrscher sein wollte. Ich habe ihn nach einem sehr ehrgeizigen Kollegen genannt, der ähnliche Charaktereigenschaften hat. Dieser Molly Marco jagte sogar meine vergleichsweise großen Schleierschwänze. Manchmal hatte ich den Eindruck, sie wären geradezu außer Atem geraten. Denn so rasch schwammen sie vorher nie. Nach und nach wurden die Mollys immer weniger. Ich weiß bis heute nicht, ob sie nach ungefähr drei Jahren an Altersschwäche gestorben

Ich liebe Seerosen, auch im Aquarium unter Wasser

Meine Mollys fühlen sich im reich bepflanzten Aquarium wohl und zupfen die Pinselalgen weg

sind. Oder waren sie durch Marco derart gestresst, dass sie schlichtweg aufgaben? Welche Parallelen zu meiner beruflichen Umwelt! Die schwachen Weiber gingen, Marco blieb. Nun hatte er als einziger Vertreter seiner Art keine richtigen Zielobjekte mehr für seine Aggressionen. Also ging er fremd. Er vergriff sich trieb-technisch (oder heißt das treibtech-nisch?) an den sanftmütigen

Schleierschwänzen. Doch die hatten nun so gar nichts mit „Lonely Marco" am Hut. Ich hatte auch einen mit roter Kappe, darum trifft diese Bezeichnung zu.

Immer mal überkam mich die Lust, Marco herauszufangen und im Klo herunter zu spülen. Aber so etwas tut man nicht. Ich schon gar nicht. Deshalb mussten die Schleierschwänze und ich den Tyrann weiter ertragen. Mein geduldiger Berater aus der Turmzoohandlung empfahl mir weitere Beifische, um den aggressiven Molly im Zaum zu halten. Er sollte seine Aktivitäten zerstreuen. Ich glaube, die mussten deshalb inzwischen schließen, weil ich stundenlang beraten werden wollte. Der Turmzoofachverkäufer für Aquaristik war genervt. Wegen meines Sammelsuriums im Gesellschaftswürfel. Er meinte aber, dass ein Trupp dominanter, sich rascher als die Schleierschwänze fortbewegender Fische gut geeignet wären. Genau legte er sich nicht fest.

Schließlich entdeckte ich in einem der Verkaufsbecken orangerote Fische. Sie hatten gedrungene Körper, einen papageienähnlichen Kopf und sahen für meine Begriffe freundlich aus. Die wollte ich haben! „Um Gottes Willen!", meinte der Pet Shop Boy, „Das sind furchtbare Qualzuchten aus Asien. Die verkaufe ich

nur, weil es die Obrigkeit so von mir
verlangt. Ich würde die verbieten lassen." Ich nahm sie trotzdem. Ich weiß
gar nicht mehr, ob ich mich danach
noch mal in diese Zoohandlung getraut
habe, jedenfalls wurde sie kurz darauf
geschlossen.

Mir gefallen diese Fische. Sie erfüllten
sogar ihren Zweck. Der aggressive Molly
Marco beendete sein übles Spiel. Bald
verendete er folgerichtig an Altersschwäche. Der gebrochene Macho. Von
da an lebten die neuen Papagei-
Buntbarsche gemeinsam mit den
Schleierschwänzen und den Ohrgitter-
welsen. Alles klappte wie am Schnür-
chen. Und das ist bis heute so geblieben.
Bestimmt habe ich nun wieder einen
Aufschrei unter den gediegenen
Aquarianern herauf beschworen. Wie
kann die nur solche Krüppelfische pflegen! Und noch darüber schreiben. Als
sei so etwas zu empfehlen. Aber ich habe
eine eigene Meinung darüber. Weil ich
eben keine Zwergkaninchenstreichlerin
bin. Klar, ich finde es auch schön, mal
mit meinem Hund Felix zu spielen und
zu schmusen. Wer mag so etwas nicht.
Aber ich weiß, dass er ein Tier ist.
Ich hatte mich für das Aquariumhobby
entschieden, weil es Distanz hält zwischen mir und den Tieren. Wasser und
die Frontscheibe verhindern, dass man
immerzu hinein fasst. Fische will man

**Der aggressive Kraftprotzmolly Marco**

nicht betasten oder betätscheln. Ich mag
es eben natürlicher, jeder in seinem
Umfeld. Die Fische haben ihrs mit Sand,
Steinen und Vallisnerien. Ich habe meins
mit Sofa, Fernseher und Bücherregal.
Ein Widerspruch zu dem, was ich über
die so genannten Qualzuchten geschrieben habe? Nein, denn wer kann das
schon beurteilen? Ich nehme mir diese
Arroganz nicht heraus. Bei einer

Autogrammstunde fragte mich mal jemand, wieso ich denn ein Aquarium hätte. Das sei doch ungewöhnlich. Zu mir würde doch eher ein Yorkshire-Terrier passen. Diese von mir nicht geliebten Hunde müssen mit Kaiserschnitt geboren werden. Sonst kommen die kleinen Viecher nicht aus der Mama. Es gäb sie also nicht ohne tierärztliche Hilfe. Was ist mit den Haustieren, die uns Menschen begleiten, seitdem wir zum Menschen geworden sind? Wir tun was für Tiere, und zwar schon sehr lange.

Ich meine, dass meine Papagei-Buntbarsche genau so eine Berechtigung haben wie Schleierschwänze, Guppy-Zuchtformen, Koi oder Schleierkampffische. In der Natur schrumpft die Artenvielfalt. In unse-

Zurück von einer Tümpeltour mit Hund Felix, Gummistiefel müssen sein

Was ist denn besser an Koi oder Schleierkampffischen als an den Papagei-Buntbarschen, ich mag alle gern

rer Obhut gibt es aber immer neue Zuchtformen. Briefe werden von E-Mails abgelöst. Ochsenkarren von Trucks. Eine seltene Orchideenwildform von einer leicht zu pflegenden *Phalaenopsis*-Zuchtform. Ich liebe ja die 50er-Jahre, schaue also auch gern mal zurück. Also habe ich Verständnis für nostalgische Artenschutz-Aktivisten. Aber ich mag eben auch Modernes und Modisches. Schließlich ist doch alles , was wir der Natur nachempfinden und in unser Wohnumfeld bringen, ein wenig auch die Sehnsucht nach dem Ursprung, also Nostalgie. Ich überlasse es den Zoologen, über solche Sachen zu diskutieren. Die Tierschützer machen es sich da oft zu einfach. Sie wissen meistens viel zu wenig aus der Biologie, um sachlich zu sein.

Das Problem Marco hatte sich in meinem Aquarienwürfel also biologisch reguliert. Biologisch mit Hilfe der „Qualzuchten". Wozu man die so alles benutzen kann! Den aktuellen Bewohnern des Beckens geht es blendend. Ich muss aber eines gestehen: Mit meiner heutigen Erfahrung würde ich nicht wieder ein Plexiglasaquarium anschaffen. Das Reinigen der Scheiben macht doch deutlich mehr Mühe als das von Glasscheiben. Ich bin nicht gerade fleißig. Deshalb lasse ich lieber mal ein paar Tage länger als üblich den Bewuchs an den Scheiben. Ich verwende keinen üblichen Scheibenreiniger, sondern weiches Gewebe. Mit nassem Arm und manchmal Ärmel schaffe ich wieder Durchblick. Kratzer auf dem organischen Glas kann ich so vermeiden. Ich bin ja praktisch veranlagt. Hin und wieder führe ich dann doch mal einen

Oft träume ich von einem Meerwasseraquarium, aber bisher bewundere ich die marine Welt nur bei Freunden

Wasserwechsel durch. Dann ist mein Plexiglas-Aquarienwürfel das schönste Designerbecken, das ich besitze, denn ich habe nur eins. Die anderen sind „von der Stange" gekauft. Das Unikat steht heute in meiner bunten, lichtdurchfluteten Wohnung. Das Haus, in dem ich wohne, aber auch viele meiner Möbel stammen aus den 50er-Jahren.

# AN DER
# BLUBBERFRONT

Luft zum Leben. Das ist es, was wir brauchen. Auch die Wassertiere. Wir Aquarianer treiben es mit Pumpen. Das Gas, also die Luft mit ihrem Sauerstoffanteil, ins Wasser des Aquariums. Ganz einfach lässt sich das mit Membranpumpe, Luftschlauch und Ausströmerstein machen. Aber die Heimtierindustrie war auch hier erfinderisch. Für die Ökotypen gibt es anstelle der schlichten Ausströmersteine solche, die wie ein Naturstein aussehen. Sie entlassen dennoch feine Gasbläschen aus ihren Poren. Man kann je nach Aquariengestaltung Granit oder Basalt auswählen. Aber auch so genanntes Lochgestein oder stark strukturiertes Travertin. Es gibt vielerlei Ausströmer als Imitate der echten, als Dekoration verwendeten Steine.

In der Natur habe ich noch nie gesehen, dass aus einem Stein Gasbläschen entwichen sind. Höchstens aus dem Gewässergrund steigen sie auf. Manchmal passiert das, wenn sich Sumpfgas gebildet hat. Oder ganz selten an heißen Quellen oder unterirdischen Vulkanen. Aber wer möchte schon so etwas im Aquarium nachbauen. Der kleine Schlammvulkan für Onkel Herberts Beamtenzimmer! Der blubbert genau so dumpf und langsam vor sich hin wie der Diensttuende. Aber es wäre doch mal eine naturgemäße Sache.

An einem Aquarium sitzen, sinnieren und dem Plätschern des Wasserstroms lauschen, wie erholsam!

Nachdenkenswert, oder? Natürlich ohne Fische, denn die gibt es in solchen Biotopen nicht. Dafür ein paar nette Bakterien, die mit Dreck und Hitze gut umgehen können. Die Heimtierindustrie liefert gleich ein nettes Elektronenmikroskop mit, um die kleinen Spalter sichtbar zu machen. Und die Hobbyguilliotine für Mutti, weil Vatis Hobby nicht mehr ganz so in die Lebensplanung passt.

Aber wenn schon nicht ökologisch, dann wenigstens richtig künstlich. Was kümmert es die Fische, Krebse oder Schnecken woher die lebensfördernde Luft kommt. Aus einem Stein, einem Miniwrack oder einem untergegangenen Auto. Es darf vielleicht auch eine kleine Geisterbahn sein. Mit sich durch die Luftblasen aufrichtendem Skelett. So mag es übrigens die Mitaquarianerin und begnadete Sängerin Joy FLEMING. Was spricht dagegen? Der gute Geschmack? Ach, und was ist mit den kitschigen Rokokoschnörkeln an Stühlen, die zu hart zum sitzen sind? Da lobe ich mir diese Wackelgebeine, denn sie erfüllen wenigstens ihren Zweck. Und der emsige Zoofachhandel verdient daran. Und die Seefahrt für die Fracht aus Asien. Und die kleinen Hände, die sie zusammenbauen, irgendwo zwischen Shanghai und Hongkong. Und mancher findet das sogar schön!

Aber muss es eigentlich blubbern, das spukschlossbe-
hauchte Aquarieninventar?
Weils so schön ist, gibt es
alles auch funktionslos. Da
freuen sich die Fische aber!
Über Plastik-Bausteinburgen,
Schneewittchenschlösser,
Vampirruinen oder die unter-
gegangene Akropolis. Je nach
Neigung oder Religion darfs
auch mal ein Buddha sein.
Bei anderen religiösen
Gestalten könnte es Probleme
geben. Jesulein am Kreuz als
Laichsubstrat für Fische?
Grabvasen verwendet man ja
zur Diskuszucht. Warum also
nicht? Der Kreis schließt sich
wieder zu den so genannten

Naturaquarianern. Wenn bei
Aquascaping-Championaten solche
Gestalten Blickpunkt im Goldenen
Schnitt werden. Wie Statuen in LENNÉS
Potsdamer Gärten. Und Wasser-
pflanzenzüchter lassen Wracks grün
überwuchern, um sie teuer zu verkaufen.
Übrigens ist das gar nicht so unnatür-
lich. In Wracks siedeln sich oft viele
Tiere und Pflanzen an. Das sind dann
Schiffsriffe im Meer oder Moosdampfer
im Süßwasser.

Eines meiner Aquarien verdanke ich
einem netten Verehrer aus Bielefeld. Er

Aquascaping folgt den LENNÉschen Prinzipien mit Gestaltungs-Blickpunkten und manchmal sogar mit Statuen wie hier

stellt in seiner Firma Wandaquarien her. In meinem leben Kubakrebse. Um viele gemeinsam pflegen zu können, braucht man Sichtbarrieren und Unterschlüpfe. Meine Kubakrebse haben sich vermehrt. Deshalb musste ich neue Verstecke einbringen. Man bekommt so manches geschenkt. Darunter auch allerlei Figuren und Modelle. Sie wurden für Aquarianer gestaltet, wohl kaum für die Pfleglinge. Ein Miniauto als Wohnstätte für einen Krebs. Das ist Dekadenz pur für Rückwärtsgänger. Meinen Krebsen ist das völlig gleichgültig, ob ihr Hinterteil in einer Tonröhre, in einem mei-

Dieses Wandaquarium hatte mir der Hesteller geschenkt, darin wohnten meine Kuba-Krebse

ner Lockenwickler oder eben im Miniauto steckt. Außerdem ähnelt das Teil meinem Volvo. So lernt der Krebs ein bisschen die Lebensart seiner Pflegerin kennen. Ist das etwa nichts?

Wenn ich bloß nicht so verspielt wäre. Bei allem besseren Wissen juckt es mich in den Fingern, dem einen oder anderen Krebs ein Leibchen zu klöppeln. Weil sein Panzer kurz vor der nächsten anstehenden Häutung nicht mehr ansehnlich ist. Was spräche dagegen? Wenn er dann Anstalten macht, sich seiner alten Chitinhülle zu entledigen, würde ich ihm das Korsettchen schon rechtzeitig abnehmen. Schließlich machen wir so etwas auch mit anderen Haustieren. Hunde führen wir an der Leine. Neulich war ich auf der „Interzoo", der größten internationalen Fachmesse für Heimtiere. Dort moderierte ich den „Nano-Award" für verdienstvolle Miniaquarianer. Auf dieser „Interzoo"-Messe bot eine Firma Leinen für Grüne Leguane an. Ob die mein Schauspieler-Kollege Walter PLATHE benutzt hätte, als er noch seinen Otto hatte? Das war nämlich ein stattlicher Grüner Leguan. Wie auch immer, Mode für Krebse. Das Label nenne ich „CrustaEnie". Damit werde ich reich. Ein Klöppelbesteck habe ich gerade im Web ersteigert. Jetzt muss ich nur noch klöppeln lernen.

Ja, ja, bei der Panscherei sieht man nicht aus wie bei einem Fotoshooting, aber das liebe ich, nasse Hände und Arme dabei

Wer möchte in diesem Wasserschloss nicht von einem Vampirsalmler gebissen werden?

Aber weil wir gerade bei den Erfindungen für unsere Liebsten sind: Ich möchte gern nach diesem Buch etwas anderes entwickeln. Eine Anleitung für Fischfitness. Mein langjähriger persönlicher Fitnesstrainer war ein hipper Inder. Warum müssen Personal Trainer eigentlich immer exotische Männer sein? Die Krötenküsserin und wundervolle Sängerin aus der Heimat meines Freundes Gitte HAENNING hatte einen Afrikaner als Trainer. Bis er wegen einer neuen Liebe aus Berlin wegzog. Da schmachten wir zu trainierenden Ladies mit nicht nur vor Anstrengung bubbernden Herzchen. Also mein Trainer meint immer, dass alle Bewegung brauchen. Also auch die Fische. Deshalb wäre mein Vorschlag, ringförmige Aquarien zu bauen. Zum Endlosschwimmen für bewegungsfreudige Arten, die ständig in der Gruppe unterwegs sind. In manchen Schauaquarien gibt es das. Ganz eindrucksvoll im „Sealife" mit „Aquadom" in Berlin. So etwas in Kleinformat. Nicht gerade für meine Schleierschwänze, aber für *Brycon*-Salmler oder große Bärblinge. Der Nano-Ring! Er hätte gleich eine praktische Anwendung. Man kann ihn zur Hochzeit schenken mit naturnahem Eheversprechen. Ansteckbar nur dann, wenn die tierschutzrechtlichen Mindestanforderungen durch die Eheschließenden eingehalten sind. Der Standesbeamte bekommt diesbezüglich einen amtlich bestätigten Fragenkatalog vom Aquarianerverband. Bei kirchlicher Trauung ist diese Art von Ring nicht zugelassen. Er könnte sonst mit dem Heiligenschein verwechselt werden.

Aber mein Fischfitness-Gedanke geht viel weiter als dieser triviale Nano-Ring. Außerdem gibt es das ja bereits mit den so

Blubberquarz – esoterische Luftzufuhr, obs hilft?

genannten Biosphäre-Kugeln. Ein anmaßender Name für ein bisschen Glas mit etwas drin. Schließlich vegetieren darin wenige Garnelen und ein paar Algen vor sich hin. Ich habe von Versuchen amerikanischer Fisch-Verhaltensbiologen gelesen. Stellen wir doch Fußballtore in Aquarien mit grünem Kunstrasen. Die Forscher haben tatsächlich Schleierschwänze dazu gebracht, einen kleinen Fußball ins Tor zu schießen. Nein, nicht mit dem Schwanz, mit dem Kopf! Und weil Fische eben so einen Dickkopf haben, sollen sie sich doch ein Beispiel nehmen an Paul. Dem berühmten Weltmeisterschafts-Kraken mit seinen hellseherischen Fähigkeiten. Allerdings: Er überlebte diese geistige

„Akropolis adieu", säuselt jedes Bläschen – Aquarienruinierung?

Anstrengung nur wenige Tage. Fußball ist nervenzehrend und verbraucht die Sinne im Handumdrehen, einschließlich Saugnäpfen. Meistens lag er richtig, nur beim entscheidenden Match stimmte seine Prognose nicht. Fische sind höher entwickelt. Man sollte das nächste Mal einen Regenbogenfisch nehmen. Für ihn verfasse ich dann eine spezielle Fitnessanleitung.

Noch ein Vorschlag: Bisher gibt es nur winzige Kameras, die man mittels Magnet irgendwo an der Aquarienscheibe anbringen kann. Sie nehmen zwei Stunden lang das Innenleben des Aquariums auf. Man kann es sich dann auf dem Sofa gemütlich machen und Aquarium gucken, im Fernseher. Wie wäre es umgekehrt, also mit Fischfernsehen? Nicht als neuen Job für mich, aber als Mittel gegen die Trägheit der Aquarienfische. So ein Hechtling oder Schlangenkopf muss in der Natur viel Energie, Zeit und Risiko inverstieren, um seine Nahrungstiere zu erbeuten. Im Aquarium bekommt er Flocken oder Pelletts. Ist das nicht langweilig? Immer nur Retortenkost. Da könnte man diesen Tieren wenigstens vorher schöne Beutebilder zeigen. Vielleicht auch eine lustige Jagdszene ihrer Artgenossen aus dem Felde. Dann tropft im PAWLOWschen Sinne der Zahn vor der Fütterung. Und die Heimtiermarkenfuttersorten schmecken gleich wie Frischfleisch. Ich werde mal an eine der vielen Tierschutzorganisationen schreiben. Die sammeln immer in den Fußgängerzonen viel Geld für solche Projekte. Mein Patent überlasse ich dann freiwillig einer Aktionsgruppe zur Raubfischbefriedung.

# FREDD, DAS WEICHEI

Sicher haben Sie es schon bemerkt: Ich gebe besonderen Fischpersönlichkeiten in meinen Aquarien Namen. Vor zwei Jahren hielt Fredd bei mir Einzug. Fredd ist ein Männchen. Ich hatte mich sofort in ihn verliebt. Er saß in einem winzigen Rundglas neben anderen Kriegern in einem Verkaufsregal. Fredd war ein blauer Kampffisch. So blau, dass man mit ihm sparen konnte. Denn man musste nicht mehr viel trinken. Man fiel einfach in sein Blau, und wars selbst! Früher hätte ich mich nicht an Fredd heran getraut. Ein Kampffisch in meinem Fischsammelsurium! Das Unheil lässt sich gar nicht ausdenken.

Meine Verlagsfreunde hatten noch vor der großen Nano-Welle in ihrem „Aquaristk-Fachmagazin" über Mini-Aquarien geschrieben. Ich hatte darin die Schauspielerin und Sängerin Jessy RAMEIK mit einem schönen Glasgefäß gesehen. Beide waren zauberhaft, Jessy und der blaue Kampffisch in seinem Glas. Ich hatte gelesen, dass diese Fische bei Zimmertemperatur leben können. Sie brauchen keine großen Behälter. Außerdem nehmen sie Luft von der Wasseroberfläche auf, um zu atmen. Deshalb muss man die schönen Glasbehälter nicht mit Technik verunstalten. Also suchte ich nach einem Glasgefäß. Ich wusste, dass ich in mei-

**Vorfreude auf schöne Momente mit Fredd**

nem „Ersatzteillager" so etwas finden muss. Ich habe nämlich meinen Krimskrams in einem separaten Raum untergebracht, geordnet wie in einem Theaterfundus. Dort stapeln sich außer hunderten Kleidern, Büchern und Nipsachen auch richtig schöne Dinge. Ich entdeckte hinter einem alten Plattenspieler eine ausladende Riesenvase aus zartem Glas. Sie ähnelte einem fetten Zylinder, war aber eleganter und bauchig geschwungen. Im Gegensatz zur verpönten Goldfischglocke war ihre Öffnung oben sehr weit. Sie wurde das Domizil von Fredd.

Für diejenigen, die meine Kompetenz überprüfen wollen: Natürlich kenne ich den richtigen Namen von Fredd. Er ist ein Siamesischer Kampffisch, und zwar eine Zuchtform. Ein blauer Schleierkampffisch. Sogar den wissenschaftlichen Namen kenne ich: *Betta splendens.* Diese Fische sind gerade mal wieder in Mode gekommen. Das merkt man immer daran, dass es viele neue Zuchtformen gibt. Die Züchter in Asien bemühen sich um so etwas nur dann, wenn es Geld bringt. Es müssen also viele Abnehmer da sein. Und Kampffische lassen sich gut verkaufen. Wie gesagt, auch ich hatte mich in einen verguckt. Heute ist mein Fredd vergleichsweise ein blasses Subjekt. Er kann gegen die vielen prunkvollen neuen

Wie ein Narziss aalt sich Fredd in seinen Spiegelbildern, gespreizt und gestelzt, wie ein Kampffisch eben so ist

Zuchtformen nicht ankommen.
Gefranste Flossenränder, herzförmige
Schwänze, berauschend knallige
Farbkombinationen. Manche erinnern
mich an Can-Can-Röcke aus den alten
Pariser Operetten.

Ein anständiger Kampffisch macht seinem Namen Ehre. Nicht so Fredd!
Selbstverliebt betrachtete er sein
Spiegelbild an der Innenwandung seiner
edlen Behausung. Von wegen
Spiegelversuch und Flossenspannen vor
dem vermeintlichen Gegner. Nichts passierte. Ich war enttäuscht. Fredd war ein
Waschlappen. Als ich meinem Freund
von Fredd gebeichtet hatte, war er erst
sauer. Immerhin, ich hatte einen neuen
Lover. Aber nun legte er sich genüsslich
zurück. Der Weichling konnte ihm nicht

Nachhilfe mit dem Spiegel – wozu ein Schminkspiegel so dienen kann, sogar zur Verschönerung eines Kampffisches

das Wasser reichen. Zuerst saß ich noch verzückt vor Fredd und dachte mir: Der wird schon noch. Er muss sich nur erst mal eingewöhnen. Aber Pustekuchen. Wochen vergingen. Fredd schwamm vor sich hin, fraß, baute sogar immer mal ein Schaumnest. Aber er war eben nur ein Schaumschläger, sonst nichts dahinter.

Mein Freund meinte nach einer Weile, Fredd braucht ein Weib. Sollte es das gewesen sein? War ich ihm nicht genug? Die knalligen Kampffischfarben konnte ich ihm auch bieten. Schließlich hatte ich auch allerlei bunte Farben zu bieten. Außerdem sind Weibchen bei Kampf- fischen nicht greade berauschend attrak- tiv. Was wollte er also mehr, mein Fredd? Gut, ich tat ihm den Gefallen, und kauf- te Fredd ein Weib. Nun muss man ja mit den aus Thailand zum Zweck der Liebe eingeführten jungen Damen vorsichtig sein. Zunächst kam sie in Quarantäne in ein Nachbarbecken. Fredd beäugte sie argwöhnisch. Zwei Wochen lang machte ich ihn heiß mit dem Anblick seines zukünftigen Thai-Girls. Dann wurde es ernst: Die Zwangsheirat. Mein Freund und ich warteten gespannt vor der Glasedelvase mit Fredd und der beige- setzten Ische. Wir erwarteten eine Liveshow per Excellence. Aber nichts passierte. Auch in den Tagen danach nicht. Sogar mit dem Schaumschlagen klappte es bei Fredd nicht mehr so rich-

tig. Er bekam kaum noch eine Blase
hoch.

Nichts wurde es mit den beiden, kein
Sex, kein Nachwuchs, gar nichts! Aber
dann kam die Überraschung: Mein
Fredd hatte absonderliche Vorlieben.
Nachdem er mich und das Thai-Girl stu-
pide ignoriert hat, entdeckte er sein
Herz für eine Luftratte. So nennen wir
in Berlin die verwilderten Stadttauben.
Eine Plage, die Dreck, Keime und
Schaden an historischen Ge-
bäuden bringt. Und so eine
mit weißbuntem Gefieder
wurde die Angebetete von
Fredd. Das schöne Glasgefäß
stand nämlich unweit eines
Nordfensters. Dort veralgte es
kaum und hatte genug natür-
liches Licht. Auf dem breiten
Fenstersims lassen sich die
Luftratten nieder. Ihr Gegur-
re weckt mich regelmäßig am
Morgen, wenn ich eigentlich
noch schlafen möchte. Und
wenn sie dann auffliegen, wir-
beln tausende Keime durch
die Luft, widerlich!

Aber das alles sah mein Fredd
durch seine rosa Kampf-
fischbrille. Er balzte die
Luftrattenschecke an. Immer
dieselbe. Kam mal eine kano-

Spreizen vor der Luftratte, welch eine Enttäuschung

**Hier bin ich traurig, solche Weichei-Männer wie Fredd kann ich nicht leiden, alles enttäuschend!**

nengraue auf die Simsstelle vor seinem Becken, passierte nichts. Wenn aber die weißen Flecke im Gefieder seiner speziellen Angebeteten zu sehen waren, spreitze er seine Flossen. Er tänzelte vor ihr wie vor einem Callgirl und begann wieder zu blubbern. Das Schaumnest für die Luftratte war erstaunlich groß. Es bedeckte fast die gesamte Oberfläche des Glasheimes. Aber wer im Glashaus sitzt ... Die Scheckentaube bedachte Fredd keines Blickes. Nicht mal ein zusätzlicher Gurrer entfuhr ihr. Musste es denn auch ausgerechnet eine Luftratte sein?

Man kennt ja bei Tieren allerlei Entgleisungen in Sachen „Liebe". In einer Fernseh-Magazinsendung sah ich die Reportage über einen verliebten Höckerschwan. Er schwamm nicht einem Artgenossen hinterher, sondern einem Wassertretboot. Und zwar ein solches, das wie ein übergroßer künstlicher Schwan aussah. Den Höckerschwan könnte ich ja noch verstehen. So einen übergroßen Partner exklusiv besitzen zu wollen, ist auch für mich nachvollziehbar. Aber eine Luftratte? Fredd hätte sich zum Beispiel für das Juni-Kalenderblatt des „Aquarium-Kalenders" entscheiden können. Ich bekomme den schönen Kalender immer von meinen Verlagsfreunden zu Weihnachten

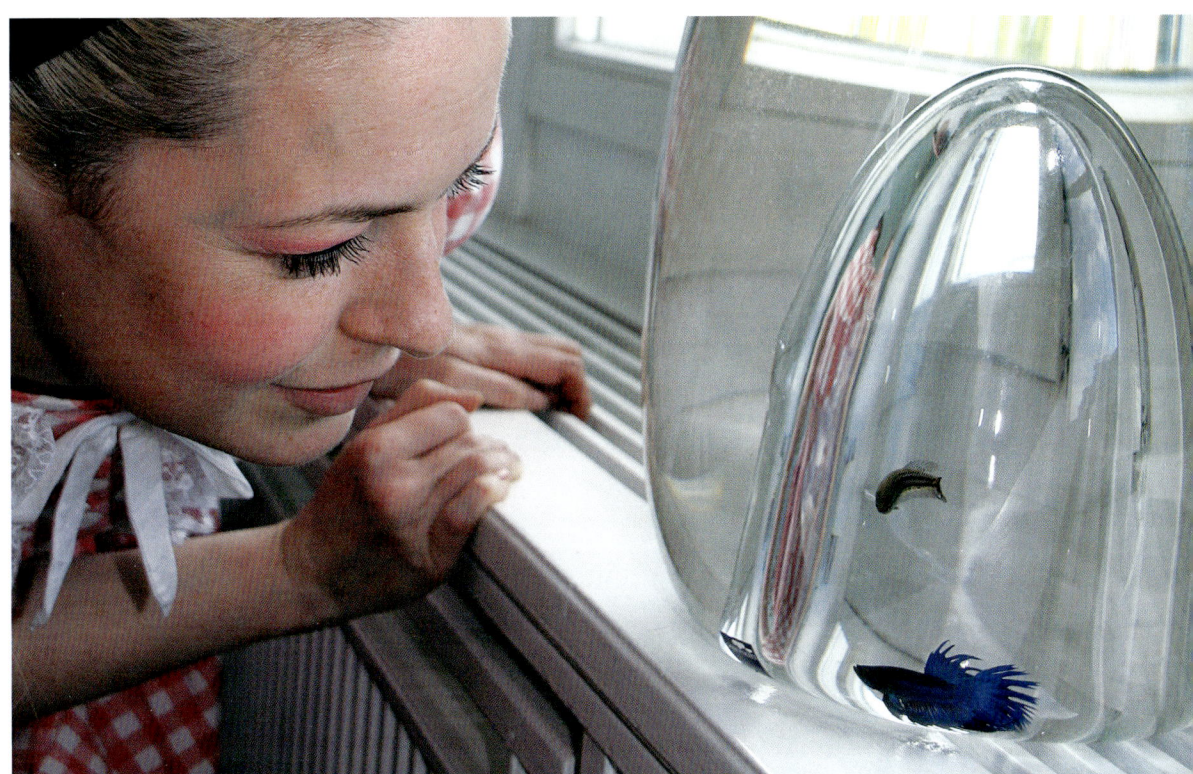

**Hoffnung auf die Liebe: Kein Aufwand wurde gescheut und eine Thai-Lady für Fredd eingeflogen**

Auch im bepflanzten Aquarium blieb sie von Fredd unbeachtet und ist doch so schön, die Kleene

geschenkt. Auf diesem Kalenderblatt prunkt nämlich ein zauberhaftes Kampffisch-Foto. Das hätte Fredd doch aufrütteln müssen. So ein Prachtmann! Entweder als Nebenbuhler oder als Lover, je nach Ausrichtung von Fredd. Eben mal ein Kalenderboy, kein Kalendergirl wie sonst meistens. Aber eine Luftratte!

Fredd ist offensichtlich ein Weichei. Nicht nur, dass er nichts von dem, was sein Name ausmacht, je demonstrierte. Nein, er ist mittlerweile an allem desinteressiert. Um nicht Vorwürfe zu bekommen wegen Nötigung eines Thai-

Girls zur Frigidität, verschenkte ich die Kampffischdame. Dort, wo sie nun lebt, führt sie ein kinderreiches Matriarchat im klassischen Asienbecken. Fredd blieb schrullig und wurde nun ignorant gegenüber allem. Nachdem ihn die gescheckte Luftratte links liegen gelassen hatte, gab er liebestechnisch auf. Täglich frisst er noch zwei, drei Flöckchen und starrt sich selbst an. Wäre er wenigstens ein wenig narzistisch veranlagt, bekäme ich eventuell ab und zu was zu sehen. Aber so? Heute sind die Kampffische auch keine richtigen Kampffische mehr, alles Inzucht!

Einsam und vergnatzt fristete Fredd sein Dasein in schönstem Ambiente und bekam keine Blase mehr hoch

# ERWIN IST WEG

In einem meiner Aquarien lebt seit Monaten ein Blauer Florida-Krebs. Eigentlich ist es nicht meiner. Denn mein Freund hatte ihn entdeckt, gekauft und mitgebracht. Für ihn musste ein neues Aquarium eingerichtet werden. Wer pflegt es seither? Natürlich ich. Deshalb nahm ich mir das Vorrecht heraus, den süßen Amerikaner zu taufen. Ich nannte ihn Erwin. Obwohl ich ja normalerweise auf Rot und Rosa stehe, war es wieder ein Blauer, der sich meine Zuneigung erobert hatte. Bei den Aquarienbewohnern hat das was, dieses leuchtende Blau. Für mich ist es wie Blaumachen, wenn ich Erwin betrachte. Leider zerlegte er rasch die Bepflanzung, obwohl ich schon sehr robuste Gewächse eingebracht hatte. Speerblätter oder *Anubias* müssen nämlich nicht eingepflanzt werden. Erwin ist ein echter Wühler. Ich glaubte, er würde ihnen nichts anhaben. Aber bald hatte er die schönen Speere mit seinen Scheren zerlegt. Wie schade. Erwins Blau vor dem satten Grün der Speerblätter klappte also nicht.

Erwin ist ein echter Macho. Er schnellt mir aggressiv oder lüstern entgegen, sobald ich mich nähere. Jeden Tag bekommt er eine Tablette. Von irgend jemandem hatte ich so ein 7-Tage-Tablettenkästchen bekommen. Einmal wöchentlich füllte ich es mit den Krebs-

So schön hatten wir es Erwin gemacht, und doch flüchtete er aus diesem Aquarium

Futtertabletten auf. Erwin sollte nicht
verfetten. Ich mag dicke Machos nicht.
Auf diese Weise wusste ich immer, ob
ich Erwin schon gefüttert hatte. Wie
eine alte Dame, die vergesslich ist beim
Einnehmen ihrer Arznei. Erwin kam bei

jeder Fütterung aus seiner Loch-
steinhöhle. Sofort griff er sich die
Tablette und verschwand damit wieder.
Dann sah ich ihn, wie er genüsslich sein
rundes Dingelchen belutschte. Dabei
drehte er es und betastete die

Ich hatte mich fachmännisch beraten lassen, damit alles dicht ist am Aquarium für einen Krebs

Oberfläche mit seinen
Mundwerkzeugen.

Ich hatte gelesen, dass man ein
Krebsaquarium gut abdecken muss.
Krebse sollen gute Ausbruchskünstler
sein. Erwin, der aktive Blaue, ist außer-
dem stark. Zwei schwere Deckscheiben
verschlossen also sein Domizil. Nur eine
Ecke vorn war für die Fütterung frei.
Eine weitere hinten für den kleinen
Innenfilter. Monatelang ging das gut.
Doch eines Morgens kam Erwin zur
Fütterung nicht heraus. Ich hatte Angst,
es könnte ihm nicht gut gehen.
Vielleicht war er unglücklich verklemmt?
Obwohl, das würde kaum zu ihm pas-
sen. Trotzdem nahm ich eine lange

Pinzette und spürte jeden Hohlraum auf. Nichts! Kein Erwin, auch kein verklemmter.

Ich weckte meinen Freund etwas unsanft und fragte ihn: „Was hast Du mit Erwin gemacht?" Als er zu sich gekommen war und realisierte, was ich von ihm wollte, fluchte er und meinte: „Nichts!" „Aber Erwin ist weg!" Das machte ihn augenblicklich wach. Wir suchten beide das

Der kletterfreudige Erwin verrenkte sich geradezu für jede Futtertablette

Aquarium ab. Völlig unlo-
gisch schaute mein Freund
zunächst erst einmal in die
anderen Becken. „Vielleicht
ist er ja umgezogen." Erwin
blieb verschwunden. Wir
inspizierten Erwins Reich
nach den realistischen
Ausbruchsmöglichkeiten.
Viel blieb da nicht. Er musste sich entweder ganz
schmal gemacht haben, um
durch eine der beiden Öffnungen in der Deckscheibe
zu passen. Oder er hatte sie
angehoben. Wegen des har-
ten Krebspanzers fiel die
erste Möglichkeit aus. Es sei
denn, Erwin hätte sich
gehäutet. Dann wäre er als
weicher Butterkrebs viel-
leicht biegsam genug gewesen. Aber den alten
Krebspanzer hätten wir im
Aquarium finden müssen.
Und da war keiner.

Erwin ist ein Blauer Floridakrebs, *Procambarus alleni*

Erwin war also offenbar ein Kraftprotz.
Hat er heimlich trainiert und mit seinen
Scheren die Lochsteine hoch gestemmt?
Ich überprüfte seine Tablettenpackung.
Es war kein sonderliches Krebs-
Fitnessmittel darin auszumachen. Aber
wer weiß, die Hersteller schreiben viel-
leicht nicht alles drauf. Vorsorglich rüste-

te ich rasch alle Krebsaquarien neu aus. Bei einem Glaser ließ ich maßgenau sehr dicke und schwere Deckscheiben anfertigen. Ohne Öffnungen zum Füttern. Für den Filterschlauch blieb jeweils ein winziges Loch. Selbst mit Kraftfutter konditionierte Superkrebse würden diese Scheiben nicht anheben können. Und Anabolika sind in der Aquaristik verboten.

Ich aß nur noch auswärts, solange Erwin verschwunden war, und nur vegetarisch, nie Krebsfleisch

Irgendwie fühlte ich mich nun in unserer Wohnung unwohl. Auch meinem Freund ging es so. Da war plötzlich ein Dritter anwesend. Frei gekommen, um bei uns zu leben wie ein Hund oder eine Katze. Würde er vielleicht bei einer Dokumentation über die Everglades mit uns vor dem Fernseher sitzen? Heulend wegen der Heimatgefühle? Aber Erwin kennt ja Florida gar nicht. Er stammt aus einer Züchterei. Also würden wir ihn nicht vor die Mattscheibe locken können. Ob er wohl zuschaut, wenn wir im

Bett liegen? Oder wenn wir essen? Oder wenn wir auf dem Klo sitzen?

Am unangenehmsten war es für mich, dass ich nicht mehr barfuß durch die Wohnung laufen konnte. Das mache ich eigentlich gern und fast immer. Aber jetzt könnte ich ja auf Erwin treten. Der würde sich mit seinen Scheren schmerzhaft wehren. Also behielt ich meine Puschen an. Und zwar solche mit Hundekopf. Vorsichtshalber, zur

Hier irgendwo musste er sein, aber warum hatte ihn mein Hund Felix noch nicht gefunden?

Abschreckung. Und irgend welche
Sachen konnte ich auch nicht mehr am
Boden liegen lassen. Erwin liebt ja
Verstecke. Er wäre vielleicht nur zu gern
in einen meiner vielen Schuhe gekrochen
und hätte sich dort verschanzt. Meinem
Freund gefiel dieser Gedanke nun wie-
der.

Einige Tage lang lebten wir quasi mit
angehaltenem Atem. Immer und überall
auf der Hut, denn stets könnte Erwin
auftauchen. Natürlich suchten wir alle
verdächtigen Stellen der Wohnung ab.
Schoben vorsichtig Sofas und Anrichten
beiseite. Sogar meine vielen überladenen
Bücherregale räumte ich aus, um dahinter zu schauen. Alles vergebens. Nein,
nicht ganz. Die Wohnung sah nach diesen Aktionen seit langem wieder mal
perfekt aufgeräumt und gereinigt aus.
Mir wurde immer mulmiger zumute.
Denn ein Krebs braucht ja Wasser.
Vielleicht hatte es Erwin bereits dahin
gerafft? Als ich in jeder Ecke schnüffelte
und nichts Verrottendes in meine Nase
stieg, behielt ich Hoffnung.

Am Morgen des fünften Tages nach
Erwins Verschwinden ging ich in alter
Gewohnheit zum Tablettenkästchen. Da
konnte ich genau sehen, ab wann er
nichts mehr gefressen hat, also vermisst
war. Verschlafen und irgendwie von der
Situation überfordert, überlegte ich, ob

**Der Ort des Geschehens: Ich sah rot und dann blau, nämlich Erwin unter meiner schönen roten Klobürste**

man Erwin als ver-
misst melden sollte.
Schließlich überkam
mich der allmorgend-
liche hysterische
Harndrang. Im
Nachbarklo rumorte
es ebenfalls. Gut, dass
wir zwei Toiletten
haben. Klar, kurz
nach dem Aufstehen
ist man noch schlaf-
trunken. Traum und
Wirklichkeit lassen
sich in dieser Auf-
wachphase nicht
scharf unterscheiden.
Plötzlich wanderte
vor mir die rote
Klobürste entlang.
Im ersten Augenblick
erinnerte mich das an
ein ferngesteuertes
Spielzeug.

Erwin ist zurück von der Fäkaltour im sauberen Aquarienwasser

Plötzlich war ich hellwach. Wie konnte
eine Klobürste laufen? Erwin saß unter
dem Bürstenbehälter und trug sein
neues Haus wie ein Putzer-Einsied-
lerkrebs – Bürste immer dabei. Er fühlte
sich in dem dunklen, feuchten Milieu
offenbar wohl. Vielleicht auch, weil es
dort so intensiv nach Frauchen roch?
Diese Scheißsituation war also Erwins
Überlebenselixier. Mein Freund kam

nun um die Ecke und wollte wissen,
warum es bei mir so laut zuging. Er sah
sofort alles und wir lachten Tränen. Ich
nahm mutig die Bürste in die Hand.
Erwin saß noch unter dem Bürstenbehälter. Seine blauen Scheren ragten aus
dem roten Töpfchen hervor. Mein
Freund holte rasch einen kleinen Glasbehälter, in den wir Erwin unter seinem
vehementen Wehren hinein balancierten.
Nun bekam Erwin Frischwasser-Wa-
schungen verordnet, etliche! Vorher
durfte er nicht in sein abgedichtetes
Domizil zurück. Wer weiß, welche
„unsaubere Tour" er hinter sich hatte?

Krebse haben vielleicht nicht so schmut-
zige Fantasien wie mancher von uns.
Aber sie nehmen in der Not auch den
übelsten Ort in Kauf, wenn er nur
feucht ist. Meine Verlagsfreunde lachten,
als ich ihnen vom Klobürstenkrebs
erzählte. Klar, heute weiß ich es besser.
Ein nasser Lappen hätte Erwin diese
Scheißsituation ersparen können. Und
mir auch. Und Ihnen auch, liebe Leser.
Wenn bei Ihnen mal jemand weg ist, der
regelmäßig versumpft, nehmen sie einen
Lappen oder ein Handtuch und tränken
sie es mit Wasser. Das klappt übrigens
auch mit sauberem. Dann haben Sie ihn
bald wieder. Ach so, noch eins: Hätte
ich gewusst, dass Erwin die Bürste
benutzen wollte, hätte ich sie doch vorher in die Spülmaschine getan.

# ZU GAST BEI LOTHAR

Überall sind seine Arme! Und dann diese Augen! Da wird man schwach und lässt sich hinein ziehen in seine Welt. Lothar ist der Showkrake in einem besonders fazinierenden Schauaquarium. Er ist Berliner. Lothar bewohnt ein geräumiges Aquarium des „Sealife" und „Aquadom" in Berlins historischer Mitte. Zwischen monströsem Dom, zauberhaftem Lustgarten, geschichtsträchtiger Nationalgalerie und nicht mehr ganz so schmutziger Spree. In diesem Schauaquarium wird der Weg des Wassers von der Quelle der Spree bis in die Nordsee dargestellt. Natürlich findet man alle möglichen Nasselement-Bewohner der Bach-, Fluss- und Stromabschnitte sowie des Meeres. Manchmal werden die staunenden Besucher aber auch auf einen Exkurs in exotische Gewässer mitgenommen. So gibt es auch possierliche Seepferdchen zu betrachten und eben Lothar, den Kraken.

Schon ein paarmal habe ich den „Aquadom" besucht. Diesmal begleiten mich sachkundige Personen und zeigen mir manches mehr als ich es allein entdeckt hätte. Es sind die beiden „Sealife"-Ladies Sandra SCHMALZRIED (die Chefin) und Nina ZERBE (die Pressefrau). Sie umhudern nicht nur die Aquarienbewohner, sondern diesmal auch mich. Geduldig ertragen sie meine Kom-

Nein, euch bereite ich nicht zu, denn ihr seid die typischen Bachbewohner der nach euch benannten Forellenregion

mentare zu den Aquarienbewohnern, die ihnen sicher manchmal seltsam vorkommen. Schon ganz zu Anfang gebe ich unpassender Weise einen Rezeptvorschlag für „Forelle in Blau" zum Besten. Dabei sind sie so schön, die Bachforellen. Und außerdem essen wir ja gewöhnlich die aus Nordamerika stammenden, in Teichen herangezogenen Regenbogenforellen.

Aber bevor es zu meinem Favoriten unter den „Sealife"-Bewohnern geht, zeigen mir die Aquarien-Ladies ihre märchenhafte Quallenshow und die Touchpools. Das ist ganz nach meinem

Geschmack, denn hier kann ich mal ohne Scheibe meinen Lieblingen ganz nah sein. Klar, das klappt nur von oben. Also betouchen wir die Muscheln, Seesterne und Einsiedlerkrebse in den schön eingerichteten und beleuchteten Pools. Weil es so einfach und ungefähr- lich ist, nehme ich einen Einsiedler mit- samt seiner Schnecke und setze ihn in meine Nähe an den Poolrand. Das hätte ich vielleicht nicht tun sollen. Seine Scheren können mich zwar nicht erwi-

Eine Bachforelle braucht Wasserströmung und im „Sealife" Berlin ab und zu den netten Blick eines lächelnden Gesichts

schen. Aber ich habe dem Krebs ein Problem bereitet, denn er sitzt nun im Revier seines Nachbarn. Der greift auch sofort an und zwingt den Kleinen, dicht unter die Wasseroberfläche zu klettern. Immer wieder geraten die Kontrahenten aneinander. Schließlich gibt der von mir umgesetzte kleinere Einsiedlerkrebs auf und verdrückt sich nach hinten. Ich glaube, wir stehen schon eine halbe Stunde an den Touchpools, aber wir wollen ja weiter.

Bevor wir uns Lothar ausführlich widmen, statten wir noch ein paar anderen Becken und ihren Bewohnern eine Stippvisite ab. Dabei fallen mir die furchteinflößenden Seewölfe auf. Aber auch die riesigen Aquarien zum Rundschwimmen

Sandra SCHMALZRIED, die freundliche, sachkundige Chefin in Berlins „Sealife", zeigt mir einen Revierkampf der Einsiedler

Sie sehen so aus wie sie heißen, die Seewölfe in einem der „Sealife"-Meerwasseraquarien mit Bullauge

pelagischer Meeresfische. Und natürlich der obligatorische Tunnel. Er hat etwas Gutes an sich: Der Mensch schaut auf zu den Tieren, nicht herab, wie so oft. Das hat schon seine Wirkung. Auch auf meine Psyche. Denn so eine Hai-nabelschau verleiht Respekt. Und wer die Verwandten dieser Knorpelfische auch von oben sehen will, der kann das später am Rochenbecken tun, erzählt mir die lustige Nina ZERBE. Doch endlich kommen wir zu meinem Auserwählten inmitten der „Sealife"-Bewohner: Lothar.

Ja, er hat viele Arme, die gleichzeitig als Beine fungieren. Die wachsen ihm am Kopf. Man muss alles mit Köpfchen machen – und zu Fuß. Das sagte mir mal eine alte Tante. Offenbar hatte Lothar auch so eine Beratung. Er ist nämlich ein Kopffüßler. Lothar hat zwar nicht alles im, aber fast alles am Kopf. Ich habe gelesen, dass Kraken sogar auf Musik reagieren. Da zuckt das Bein gleich richtig im Takt, wenn die Schallwellen das leistungsfähige Sinnes- und Nervensystem treffen. Und das bei einem Verwandten der Schnecken und Muscheln! Ich stelle mir vor, wie Lothar mit seinen vielen „Bein-Armen" einen Charleston auf die Steine legt (oder wie sagt man das bei tanzenden Kraken?), oder auch einen Tango mit mir? Aber diese Kopfauswüchse tragen Saugnäpfe. Da wird mir schon ganz anders. Ob als Feind oder als Freund: Derartiges

Lothar äugt aus der Amphore in seinem spektakulären Aquarium

Auge in Auge mit einem Kraken: Zwei intelligente Wesen kommunizieren durch die Scheibe

Festsaugen gefällt mir nicht. Mich nervt schon das Klammern in einer Beziehung. Festsaugen wäre gar nicht auszudenken. Lothar hätte also diesbezüglich keine Chance bei mir. Ich mag keine Knutschflecke. Aber die Umarmung von so vielen Armen gleichzeitig ...

Kraken sind allgemein recht helle. Lothars Kollege Paul war das Orakel für die Fußball-Weltmeisterschaft 2010 und lag meistens nicht völlig falsch. Diese Weichtiere sind eigentlich so etwas wie etwas bessere Schnecken, abgehoben im freien Wasser. Sie können sehr gut sehen und beobachten ihre Umwelt aufmerksam. Sie lernen rasch, zum Beispiel einen Nahrungsbrocken aus einem verschraubten Glas heraus zu bekommen. Das machen sie, indem sie den Deckel mit einem Arm aufschrauben. Denn sie sind zudem stark. Weil sie keine Knochen haben, passen sie fast überall durch. Die Leute vom „Sealife" in Berlin müssen Lothars Aquarium besonders dicht verschließen, sonst wäre er nämlich rasch verschwunden. In einem amerikanischen Schauaquarium hat einer von Lothars Artgenossen durch das Öffnen eines Abflusshahnes viele Aquarien geleert und das Gebäude unter Wasser gesetzt. Das soll in Berlin nicht passieren.

Dann ist da noch die Sache mit der Tinte. Obwohl sie keine Fische sind,

Kraken haben einen ausgesprochen guten Gesichtssinn, Lothar kann mich also richtig erkennen

nennt man die Kraken ja bekanntlich
„Tintenfische". Wenn sie sich bedroht
fühlen, sondern sie ihren Verfolgern
plötzlich eine dunkle Wolke entgegen.
Ich will das mit Lothar einmal testen,
ärgere ihn, indem ich ihn beschimpfe,
etwa so: „Du schnödes Weichtier!",

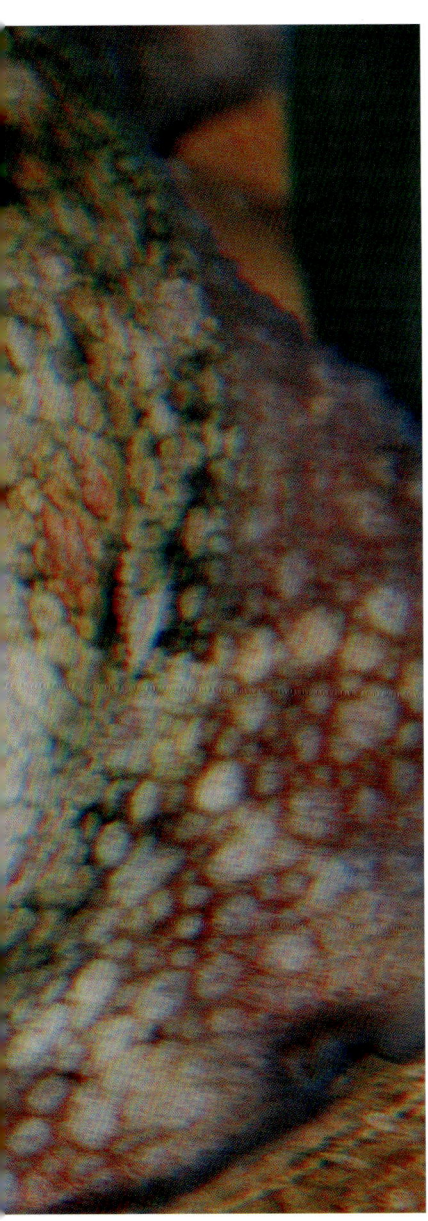

„Fußlose Pseudo-Nacktschnecke!" oder „Glubschäugige Tintenpatronenhülse!". Aber er ließ keinen fahren, keinen Schwall von Tinte. An die Scheibe klopfen wollte ich nicht, schließlich weiß ich, was sich in einem öffentlichen Aquarium gehört. Ich glaube außerdem, dass Lothar längst so abgebrüht ist, weil täglich tausende Kinder und mitunter komische Leute an ihm vorbei flanieren. Wer weiß, was er da alles gesagt bekommt. Bestimmt klingen meine Worte in seinen Ohren eher wie gesäuselte Gute-Nacht-Geschichten.

Lothar liebt die Antike. Deshalb hat er sich eingekrukt in eine imposante Amphore. Na ja, so weit reicht sein historisch-archäologisches Sachverständnis nicht, denn bestimmt ist das eine Kopie, keine echte griechische Seefahrerpulle. Aber er fühlt sich offenbar sicher in dem dunklen Gefäß. Denn wenn ich ihm zu nahe komme, zieht er sich gleich in die Amphore zurück. Zwar hatte er keine Tinte abgesondert, doch nun verfärbt er sich. Mal wird er grünlich, dann wieder fleckig und cremefarben, also ganz hell. Das klappt durch Farbzellen, die sich rasch ausbreiten und eben so schnell wieder zusammen ziehen. Bei uns Menschen sieht man so etwas bestenfalls, wenn einer rot wird, weil ihm etwas peinlich ist. Das hat aber mit dem Blut in den Gefäßen zu tun.

**Nun zeigt Lothar auch noch, dass er die Farbe wechseln kann, denn die Fotografiererei geht ihm auf den Senkel**

Bei Lothar sind es eben die Farbzellen, die sich rasch an seiner Stimmung orientieren und ihm zu seinem Aussehen verhelfen. Andere Kraken erkennen an der Färbung, ob sich ihr Artgenosse mit friedlichen oder aggressiven Absichten nähert. Oder ob er vielleicht sogar voller

Liebeslust ein bisschen mehr vom anderen möchte.

Ich frage, was ein Krake so frisst. Sandra SCHMALZRIED antwortet prompt: „Lothar hat Fleischlust." Ein Tierpfleger versorgt ihn auf meine Bitte hin mit frisch aufgetauten Stinten. Eine Schaufütterung, wie schön! Aber Lothar denkt nicht daran, mir vorzuführen, wie er sich einen dieser Fische einverleibt. Der Mund sitzt ja in der Mitte des Bein-Arm-Kranzes. Ich hätte so gern gesehen, wie das funktioniert.

Doch Lothar ist offenbar satt. Denn er musste heute bereits für eine Schulklasse fressen. Und zwar mit kompliziertem Vorspiel: Eine durchsichtige Dose mit Deckel hatte er zu öffnen. Darin befand sich nämlich sein Futter. Er konnte es sehen und durch eine kleine Öffnung auch riechen. Die Kinder sollten erkennen, wie intelligent ein Krake ist. Und Lothar enttäuschte sie nicht. Er öffnete rasch das Gefäß und verzehrte seine Nahrung. Gut, Übergewicht ist nicht mein Ding. Deshalb nehme ich Lothars bewusste Lebensweise nicht krumm. Soll er sich zurückziehen und den Rest des Tages gesättigt genießen. Viel Zeit hat er nicht, da zählt schon jede Minute. Denn Kraken werden nicht mal ein Jahr alt. Wie klug sie wohl wären, wenn sie älter und weiser würden?

# LEBENDER KOCHFISCH: PLATY PAUL

Rot liebe ich, nicht nur rosa, wie mir oft unterstellt wird. Deshalb habe ich häufig rote Klamotten an, mein Geschirr ist rot, bevorzugt mit weißen Punkten. Decken, Schals, Schuhe und sogar Klopapier darf rot-weiß gestreift, kariert oder gefleckt sein. Dummerweise gibt es kaum Fische mit solchen Mustern. Und die asiatischen Farbinjektionen bei Albino-Aquarien-fischen sind mir nicht geheuer. Wer weiß, wie die gemacht werden und wie lange sie halten. Bei uns sind sie verbo-ten. Einmal habe ich mich in einen Albino-Makropoden verguckt. Der spreizte vor mir seine prächtigen Flossen und leuchtete mit seinem fast weißen, rot gestreiften Körper im Händler-becken. Aber diese Fische sind sehr rup-pig gegenüber anderen. Schönheit hat eben ihren Preis. Und der war mir zu hoch, denn ich mag meine Lebend-gebärenden, da darf keiner stänkern. Und einen Schaumschläger hatte ich ja bereits mit Fredd, das reichte mir.

Es gibt weiße Platys mit roter Zeich-nung. Auch manche Guppys sind rot-weiß. Ich hätte also eine Chance, lebend gebärende Fische zu finden, die meinen Vorlieben entsprechen. Aber irgendwie wollten die nicht so richtig zu mir kom-men oder bei mir bleiben. Einer war mal da, hielt aber leider nicht lange durch. Es war ein einzelner süßer kleiner Platy mit blutendem Herzchen. So heißt die Zuchtform, eigentlich „Bleeding Heart". Auf jeder Körperseite befindet sich ein roter, auslaufender Fleck. Das sieht so schön traurig aus. Und ich war es dann auch, als mich der Kleine schon bald verließ, an blutendem Herzen gestorben. Wie melancholisch!

Bleeding Heart mit sehr viel „auslaufendem Herzblut"

Weiße Haut ist empfindlich, davon kann ich ein Lied singen. Wenn ich in die Sonne gehe, bekomme ich rasch einen Sonnenbrand. Auch für Fische trifft das zu. Nicht die Sonnenempfindlichkeit. Aber Weißlinge sind schon schwieriger zu pflegen. Sie mäkeln oft beim Futter und wachsen langsam. Außerdem vertragen sie zu hohe oder zu niedrige Temperaturen nicht gut. Es sind eben Mutanten, die nicht nur farblich anders sind als normal gefärbte Tiere.

Weil ich oft unterwegs bin und meine Fische manchmal tagelang allein bleiben, müssen sie stabil sein. Deshalb entschied ich mich für Platys, von denen ich wusste, dass sie hart im Nehmen sind: Eine Platy-Zuchtform aus den aquaristischen Gründerjahren namens „Wagtail". Rot

sollte aber dominieren. Meine Wagtail-
Platys sind knallrot mit schwarzen
Flossen. Ich holte mir also einen Trupp
von zehn roten Wagtail-Platys und setzte
sie in mein Designer-Aquarium. Sie

**Bevor ich meinen Trupp mit zehn roten Wagtail-Platys eingesetzt habe, wurde das Aquarium frisch gemacht**

Das Designeraquarium mit meinen Lebendgebärenden Zahnkarpfen, vor allem mit Platys machten sich wundervoll. Wie kleine bewegliche Feuerkügelchen leuchteten sie vor dem Grün der Unterwasserlandschaft. Man hatte Lust, auf Kirschernte zu gehen. Vielleicht sollten sie besser Kirschplatys heißen. Einfach pflücken und vernaschen, die Süßen.

Ich liebe lebend gebärende Fische. Die sind uns so ähnlich. Manchmal hatte ich Jungfische, auch bei den Platys. In meinem dicht zugewachsenen Aquarium kommen immer ein paar Junge auf. Einmal habe ich gesehen, wie ein kleiner Platy geboren wird. Die Mutter versteckte sich unter einem Blatt nahe der Wasseroberfläche. Ich merkte schon, dass sie auf etwas wartet. Nach ein paar Minuten war es soweit: Ein winziges Schwänzchen erschien hinter der Afterflosse des Platy-Weibchens. Das wedelte schon ein bisschen, der Rest fehlte aber noch. Und dann kam er plötzlich, der Platyzwerg. Er entkringelte sich rasch und ruhte erst mal auf einem Blatt. Dann huschte er ins Pflanzendickicht. Seine Farbe war noch blass, aber schon ein bisschen rötlich wie die der Eltern.

So gedieh meine kleine Platy-Wohngemeinschaft einträchtig und fruchtbar. Die Kleinen fanden genug Nahrung zwischen den Pflanzen, die Großen hatten ja ihr Flockenfutter. Und manchmal schnappte sich sicher einer seinen Nachwuchs, aber das ist ja normal und hilft gegen Überbevölkerung. Sollten wir uns an den Platys ein Vorbild nehmen? So ein bisschen kannibalisch sein? Wenn man erst mal auf den Geschmack kommt, kann man das vielleicht nicht mehr stoppen, wer weiß?

Einmal habe ich eine Paarung gesehen. Sonst treiben die Platy-Männchen ihre Weiber immer durchs Aquarium. Das erinnert mich an andere paarungswillige Tiermännchen, aber auch an manche Männer, die ihre Frauen antreiben. Jedenfalls bleiben sie auf diese Weise schlank, die Platy-Weibchen. Tägliches Training, ständig in Hetze. Manchmal werden sie aber doch etwas runder. dann hat ein Männchen sein Ziel erreicht. Und das sieht so aus, wenns gelingt: Wie ein anständiger Mann besitzt auch der männliche Platy ein Begattungsorgan. Das kann aufgerichtet werden. Woran erinnert mich das? Dieses Ding ist eine zur Rinne umgebilde-

Partnerlook mit meinen Tieren, ob ich den Platys wohl so gefalle wie sie mir?

Ein bisschen locker und flockig Füttern muss sein, ein paar Flöckchen und ein paar Bröckchen

te Afterflosse. Es heißt Gonopodium.
Damit dringt das Männchen beim
Weibchen ein, um sein Sperma abzulie-
fern. Das habe ich also gesehen. Dumm
war nur, dass sich kein Glücksgefühl
wahrnehmen ließ. Vielleicht durch stei-
gende Wassertemperatur im Aquarium.
Ein Mikro-Tsunami wie eine Woge des
Glücks. Wenigstens rot hätte sie werden

können, die Begattete. Aber das sieht man ja nicht bei einem roten Platy. Das Sperma von dieser einen Paarung wird im Weibe gespeichert. Es reicht für mehrere Würfe. Das ist zwar ökonomisch, aber aus meiner Sicht langweilig.

Nach vielen einträchtigen Monaten passierte es, das Unglück: Ich hatte gerade eine Kochsendung zu drehen. Es gab Kochfisch. Derart mitfühlende Platys hätte ich mir ja nicht träumen lassen! Warum auch immer, aber irgendwie muss sich so was wie eine emotionale

Schön sehen sie aus, meine roten Wagtail-Platys, sie bringen quirliges Leben ins Becken

Brücke nach Hause ins Aquarium aufge-
baut haben. Was die Satellitentechnik so
alles bewirkt. Ich glaube, sie opferten
sich aus Liebe, meine Fische. Oder war
doch nur der Temperaturregulator im
Heizfilter defekt? Jedenfalls stieg die
Temperatur im Aquarium an, weit über
40°C. Das ist für die meisten Lebewesen
schlimm. Deshalb hielten es die Fische
nicht lange durch und auch viele
Pflanzen schafften es nicht. Nur einer:
Paul.

Als ich nach dem Dreh den Schlamassel
sah, wollte ich zunächst das Aquariumhobby aufgeben. Mir taten die Platys
leid, vor allem die kleinen. Aber dann
entdeckte ich Paul, der offenbar ein
besonders harter Kerl war. Er kam nach
oben, als wäre nichts geschehen, und
erwartete Futter. Natürlich räumte ich
das Becken aus, reinigte es und richtete
es neu ein. Paul kam wieder hinein und
freute sich seines Daseins. Wie er das nur
gemacht hat. So ein HEESTERS-Typ,
überlebt alle und ist besonders stabil.
Klar, er wirkte etwas matt. Auch seine
Flossen spannten nicht mehr so prächtig
wie früher. Aber er blieb noch sehr viele
Jahre am Leben. Paul rettete mir das
Aquarianerdasein. Er verpflichtete mich
durch sein Überleben, weiterzumachen.

Vielleicht hätte ich ihn nach seinem spä-
ten Ableben einem Institut für Alters-

forschung übergeben sollen? Die versuchen ja, herauszubekommen, wie alt wir maximal werden können. Vielleicht wäre Paul das Modell für Lebensverlängerung gewesen. Oder vielleicht hatte er ein dominantes Gen gegen Überhitzung? Jedenfalls habe ich seither meine Probleme mit Kochfisch. Immer denke ich daran, dass es der Fisch wie Paul vielleicht noch lange ausgehalten hätte. Aber so weit sollte man sich gar keine Gedanken machen, dann dürfte man ja nichts mehr essen. Nur eines verkneife ich mir: Menschenfleisch. Den Kannibalismus überlasse ich den Platys.

Wie ein kleiner Überlebensheld sieht er aus, der Paul, mein Retter des Aquarienhobbys

# WALTER UND OTTO

Walter ist ein Mensch, ein lieber. Otto ist ein Leguan, ein niedlicher. Der Mensch ist ausgebildeter Zoofachhändler. Ich suchte ihn auf, um ihn ein bisschen auszufragen. Ich wollte nämlich ergründen, ob ich mir vielleicht auch ein Terrarium zulegen sollte. Der Mensch Walter PLATHE ist ein bekannter Schauspieler. Viele Filme und so manche Fernseh-Revue habe ich mit ihm gesehen. Schließlich traf ich ihn, von Kollegen vermittelt, während der Proben zu Heinrich MANNs berühmten „Blauen Engel", in dem er am Berliner Kudamm-Theater Professor Unrath spielte.

Dieser imposante Mann hat ja so viel in seinem Leben gemacht. Und am Anfang eben auf vivaristischem Sektor. Er wurde nämlich in der „Zoologica", dem früheren DDR-Großhandel für Heimtiere, ausgebildet. Einer seiner Lehrer war der Autor Helmut STALLKNECHT, ein anderer Achim BRÜHLMEIER, der Gründer der seinerzeit berühmten „Zierfische"-Zoohandlung im Frankfurter Tor. Walter plauderte los und erzählte, dass er ein Extrageld damit verdient hat, dass er Wasserflöhe fing. Seine damalige Freundin war Zoohändlerin in Berlin-Friedrichshagen. Ihr brachte er die Flöhe und sie verkaufte sie. Da gab es dann die schöne Situation eines „Beratungsgesprächs": Kunde: „Ham'se Würmer?".

**Walter, Otto und Enie (v.l.n.r.)**

Verkäuferin: „Nee, ich hab Flöhe."

Walter hatte aber schon viel früher Feuer gefangen für die Vivaristik, also für Aquarien und Terrarien. Mit elf Jahren, so erzählte er mir, hatte er sein erstes Aquarium. Aber die künstlerische Ader kam bei ihm schon damals auf. Er modellierte nämlich die Aquarienrückwand aus Zement. Ich kann das nachvollziehen, denn auch mir machte beides schon sehr früh viel Spaß, die tierische Seite und das kreative Gestalten.

Während ich maximal vier Aquarien besaß, hatte Walter in seiner aquaristischen Blütezeit 24. Dafür baute er sich eine Stellage und züchtete als einer der ersten die Ende der 60er-Jahre in Mode gekommenen Malawi-Buntbarsche. Diese maulbrütenden Fische waren damals

Walter zeigt mir, wie man einen Leguan richtig hält, ich merke dabei, dass ich zu viel Respekt vor diesem Tier habe

sehr begehrt und brachten Walter ein stattliches Zubrot ein. Im kalkreichen Berliner Wasser ließen sie sich gut pflegen und vermehren. Das ist auch heute noch so. Deshalb gibt es in der Hauptstadt noch immer viele Malawi-Züchter.

So nebenbei zum Zoofachhandeldasein kam aber bei Walter eine weitere Liebhaberei hinzu. Er spielte ein bisschen Theater im Jugendstudio des Berliner Kabaretts „Die Distel". Und irgendwie merkte er, dass er die künstlerische der zoologischen Laufbahn vorziehen will. Also studierte er an der berühmten Ernst-Busch-Hochschule. Alles Weitere ist Film- und Theatergeschichte. Was für ein Mann, dachte ich mir so, als er das alles erzählte. Bescheiden und berlinisch-schnodderig. Und alle Kollegen achten ihn, er ist irgendwie konkurrenzlos beliebt. Das ist selten in unserem Job in der Öffentlichkeit. Ob wohl der Umgang mit Tieren dafür sorgt und ihn mit einer Aura der Milde umgibt?

Und dann stand er vor mir, der Walter, holte aus seinem Säckchen etwas Grünes und reichte es mir. Es war ein wenige Wochen altes Jungtier des Grünen Leguans, das im Tierpark Berlin geboren worden war. „So klein war

Der Leguan in der Hand ist besser als Gefleuchtes auf dem Dache

Malawi-Buntbarsche sind bis heute wegen ihrer bunten Farben sehr beliebt, Walter Plathe war einer ihrer ersten Züchter

Otto, als ich ihn bekommen hatte", berichtete Walter. Dann nannte er den schön klingenden wissenschaftlichen Namen: „*Iguana iguana*, diese kletter- freudigen Großechsen besiedeln Mittel- und Südamerika. Es sind Kulturfolger, die man dort auch in Plantagen und Gärten antrifft." Wieder tierische Kultur, diesmal aber umgekehrt. Walter hatte seinem Otto damals ein geräumiges, hohes Terrarium eingerichtet.

Nun sollte ich ihn berühren, den kleinen Otto-Nachfolger. Aber so richtig gut fand ich das nicht, das Schuppenkleid des Reptils. Trocken zwar, aber irgendwie unheimlich. Nein, meine Sache war es nicht. Das wars, was ich von Walter wollte, eine Probe. Nicht bestanden für mich, also weiter Aquarien oder vielleicht mehr ungeschuppte weiche Lurche? Wir werden sehen.

Walter zeigte mir, wie man eine solche Echse anfasst. Beim Herausnehmen ist der Schultergriff am besten. Kopf und Arme hat man so gleich mit einer Hand im Griff. Mit der zweiten kann man zur Not den Schwanz fixieren. Große Leguane oder auch Warane haben nämlich eine enorme Kraft im Schwanz, so sagte mir Walter: „Vorsicht vor einem Schwanze!", das solle ich mir einprägen fürs Leben. Wie wahr! Aber erwachsene Grüne Leguane können auch richtig gefährlich zubeißen. Zwar sind ihre Bisse nicht so gefährlich wie die von Waranen, aber immerhin. Das Problem bei diesen Echsen besteht nicht etwa darin, dass sie wie Giftschlangen über Drüsen ein Toxin absondern. Nein, ihre Mundflora an gefährlichen Keimen ist so gemein, dass einem mitunter Finger oder die ganze Hand amputiert werden müssen, wenn sich das Gewebe entzündet. Walter hat aber noch alle beisammen, Hände und Finger. Das habe ich überprüft.

**Wer wird wohl hier die kalte Schulter zeigen, bei diesem liebenswürdigen Blick**

„Glück gehabt!", sagt er. Es gibt Kollegen und Tierpfleger, die mit Reptilien arbeiten, die richtig verstümmelt sind.

Der Urotto, also Walters Grüner Leguan, den er in den 70ern von Babygröße zum prächtigen Großleguan aufgezogen hatte, fraß am liebsten Schokoladenpudding. „Wenn das heute die Tierschützer hören, machen sie mir jetzt noch die Hölle heiß", meinte Walter. Aber sein Otto erreichte eine stattliche Größe und ein für Leguane

nennenswertes Alter von mehr als zwölf
Jahren. Allerdings gab Walter sein aquaristisches und terraristisches Hobby auf,
nachdem ihm ein 100-Liter-Meerwasser-
aquarium geplatzt und sein Wasser in die
untere Etage geflossen war. Otto zog
um in die Schlangenfarm des Tierparks
Berlin. Dort wurde er nicht mehr mit
Schokoladenpudding gefüttert. „Ihm
fehlte das, deshalb ging er ein halbes
Jahr später ein", meinte Walter. Ob es
wohl Otto II. geben wird?

So stattlich war Otto als ausgewachsenes Männchen eines Grünen Leguans

# KEIN PRINZ FÜR MICH

Es hat nicht geklappt mit dem Leguan, also mit einem schuppigen Wesen. Gut, dass ich es durch Walter Plathes Hilfe ausprobieren konnte. Aber irgend etwas muss es doch geben, was mich ohne die Wasserbarriere im gemeinsamen Medium Luft liebevoll aus seinem Behälter anschaut. Meinen stattlichen „Sofahund" habe ich ja schon. Auch zwischenmenschlich bin ich sehr gut versorgt. Da fehlt also nur noch eins: Ein Terrarientier für mich, das ich auch mal berühren kann. Mit dem ich träumen darf von sagenhaften Gestalten. Also fragte ich meinen Zoologenfreund Dr. Hans-Joachim Herrmann (Hajo), was für mich geeignet wäre. Ich wollte nämlich einen Frosch.

Hajo erzählte mir erst mal unterschiedliche Geschichten von Froschkönigen und Prinzen. Sein Mann sei damals eigentlich ein schnöder westfälischer Grasfrosch aus ländlicher Gegend gewesen. Er hatte ihn hinter einem Kuhstall gefunden. Wild entschlossen warf er ihn an die Stallwand. Und es kam ein schöner Mann dabei heraus. Hajo würde diese Methode immer wieder weiterempfehlen. Ich meinte so für mich, dass der Frosch, also später dann der Mann, ja mich mögen muss. Das wäre mein Problem. Hajo meinte, man müsse eben den richtigen Frosch auswählen, damit es sicher klappt. Das war für mich wie ein Ange-

Diese attraktiven Baumsteigerfrösche sind tagaktiv und deshalb bei Terrarianern so beliebt, man sieht sie eben

bot. Ich überredete meinen schwulen Zoologenfreund, mir bei der Auswahl des richtigen Frosches zu helfen. Also gemeinsam auf Prinzsuche zu gehen.

Für die ersten amphibischen Blinddates trafen wir uns in der Terrarienetage des Zooaquariums Berlin. Dort betreut ein netter Holländer die froschige Verwandtschaft. Er zeigte mir sehr viele kunterbunte Tiere. Zauberhafte kleine Fröschchen hopsten munter in grün bemoosten Terrarien. Aber sie interessierten sich nur für Essigfliegen, nicht für mich. Hajo meinte, dass die viel zu schön für mich seien. Erbost warf ich zurück, dass seiner auch viel zu schön für ihn wäre. Nein, sagte Hajo, er meine das anders: Je hässlicher der Frosch, um so schöner der Prinz! Diese schicken Baumsteigerfröschchen seien zwar jetzt geradezu bunte Blüten im Regenwaldterrarium. Aber wehe, man wirft sie an die Wand oder man küsst sie. Dann kommen nämlich ihre negativen Eigenschaften zum Vorschein. Mit einigen machen das sogar die Chaco-Indianer. Sie fangen sich diese Frösche, besonders die gelben, glänzenden. Dann besprechen sie die Tiere und halten sie über das Lagerfeuer. Und schon kommt die Schlechtigkeit hervor. Nix mit Prinz! Da tropft nämlich Gift raus. Die Indianer nutzen das pfiffig, um ihre Blasrohrpfeile einzureiben. Sie erlegen damit Vögel

**Ist der deutsche Name für diesen kleinen Kerl nicht gut ausgewählt: der Kitschfrosch**

und Affen. Vor dem Verzehren ihrer
Jagdbeute schneiden sie einen großen
Bereich um den Pfeil herum raus, weil
immer noch ziemlich viel Gift drin ist.

Und so einen Frosch wollte ich küssen!
Niemals wäre ein süßer lieber Mann her-

ausgekommen. Und wenn, dann mit einem giftigen Charakter. Das hätte mir gerade noch gefehlt. Und ich wäre dem Ekel in Liebe verfallen, so, wie im Märchen. Na bravo! So was kenne ich von einer Freundin. Die hechelt immerzu einem Widerling hinterher. Er kann mit ihr machen, was er will. Und sie ist absolut hörig. Vielleicht war es hier umgekehrt. Sie verwandelte einen warm-

Der Schreckliche Pfeilgiftfrosch ist der Giftigste von allen, das wissen die Blasrohr-Indianer

Im Terrarium meiner Freunde leben Coloradokröten, sie sollen einen Rauschzustand verursachen, wenn man sie ableckt

herzigen Menschen mit einem Kuss zum kaltblütigen Monstrum. Man sollte auch mal ein solches Märchen schreiben. Hajo meinte allerdings, dann wäre es kein Frosch, der herauskäme, sondern ein Politiker.

Also mussten wir weitersuchen. Ein andermal war ich bei Hajo und seinem Mann Eckhard zu Gast. Ich wollte fragen, wie es bei ihnen geklappt hatte, damals, vor vielen Jahren. So fangen ja auch die meisten Märchen an: „Es war einmal..." Aber irgendwie war mit der aristokratischen Sondermetamorphose die Erinnerung weg. An den Kuhstall, an das Leben im Gras, an die kaltblütigen Verwandten. Vielleicht wollten die beiden aber auch einfach ihr persönliches Geheimnis für sich behalten. Aus Angst, für verrückt erklärt zu werden. Denn wer glaubt heute noch an Osterhase, Weihnachtsmann oder Froschkönig? Was mache ich hier eigentlich, fragte ich mich dann auch. Eben, wer glaubt denn so einen Mist. Ich sollte erwachsen werden, wozu brauche ich einen Prinzen, ich habe doch einen Freund.

Einer der grünen Teichfrösche im Wassergarten meiner Freunde, vielleicht wartet er noch immer auf mich?

Und dann begann ein grüner Teich-
frosch im Wassergarten meiner beiden
Freunde zu quaken. Herzergreifend laut,
groovig, blubberig und rätschend. Und
gleich daneben noch einer. Und ein dritter schob seine transparenten Schall-
blasen trompetend heraus. Sie spektaku-
lierten mit- und gegeneinander. Hajo
erzählte, dass hier nur Männchen lebten.
Wie kann es anders sein bei einem
schwulen Paar. Vorbildwirkung! Aber
gerade das, so meinte Hajo, wäre doch
gut. Die haben kein Weib und kloppen

Hier hätte ich schon Probleme, mich beim Küssen zu überwinden, das ist eine Aga-Riesenkröte

Der geile Afrikaner pfiff mir nach, laut und mit geblähtem Stimmchen, trotzdem – nichts für mich

Behäbig und klettergewandt zugleich, ein reiner Nachtgeist – der Riesenmakifrosch

sich, weil sie ihre Pfuhlstelle wohlig ein-
richten wollen für die zu erwartende
Prinzessin. Das könnte ich sein. Manche
Froschweibchen wären blond.

Ich war wieder auf Linie gebracht. Hatte
meine Lauerposition nach einem Prinzen
innerlich und äußerlich erneut einge-
nommen. Wie wunderbar, dass meine
Freunde auch Terrarianer sind und aus-

gerechnet Froschterrarien besitzen. Hajo meinte allerdings, ich solle bis zum Abend warten, dann hätte ich größere Auswahl. Was bei uns die Disco, eine Kontaktbörse oder so was wie „parship.de" ist, nennt sich bei Terrarien-Fröschen Beregnungsanlage. Allabendlich bekommen sie ihren Liebessaft von oben. Dann werden sie heiß, rollig, läufig oder wie man das bei anderen Haustieren auch nennt. Bis auf wenige Ausnahmen, die ihre Weibchen heran-

Der Rotaugenfrosch hat seine Prinzessin gefunden, auch rotäugig; ich habe nichts dagegen, dass er sie gerade vernascht

winken, rufen die Froschmänner nach
den Begehrten. Das Vorspiel ist bei
ihnen mitunter sehr laut. Das erinnerte
mich schon irgendwie an eine Disco.
Denn die Froschrufe nach der künstli-
chen Beregnung, die Paarungszeit signa-
lisiert, waren märchenhaft. Nun begann
ich es wieder zu glauben, das Wunder
der Verwandlung.

Weil ja erst mal alles im Dunkeln statt-
fand, gewissermaßen im Darkroom für
Kaltblüter, orientierte ich mich anhand
der Rufe. Einer gefiel mir besonders gut.
Der klang so, als pföffe er mir hinterher.
So bauarbeitermäßig. Hajo meinte, dass
sei ein Afrikaner. Wie sollte der dann
aussehen, wenn er Prinz ist? Womöglich
ein verkappter Ölscheich? Das ist mir zu
gefährlich. Das Pfeifen stammte von
einem Riedfrosch. Der war zudem bunt,
fast so hübsch wie die giftigen Baum-
steiger, die ich im Zooaquarium gesehen
hatte. Also wird das kein schöner Mann.

Vielleicht sollte ich mich den dezenter
rufenden Männern zuwenden. Man sagt
ja, das seien die edlen. Wer rätschte da
am sanftesten? Das anheimelnde Ge-
räusch drang aus einem hohen Terrarium von ganz oben. Und dann zeigte
mir Hajo mit der Taschenlampe den
Verursacher, denn es war ja noch immer
dunkel, damit die Nachtaktiven auf ihre
Kosten kommen können und schön wei-

Rotäugige Frösche gibt es öfter mal, hier einer aus Madagaskar mit dem komplizierten Namen *Boophis luteus*

Ein Krallenfrosch dieser Dimension wäre zu groß für mich, obwohl es sich um Müllers Krallenfrosch handelt

terrufen. Es war ein Rotaugenfrosch, der gerade seine Geliebte gefunden hatte. Gut so, dachte ich, ein solcher Typ sieht im Leben immer übernächtigt aus. Man kann ihn auch nicht mit auf den „Roten Teppich" nehmen. Die Promifotografen würden ihren Job verlieren oder uns nicht mehr fotografieren. Jeder würde denken, es wären wieder die roten Augen auf schlechten Fotos.

Ich war geheilt vom Märchenprinz-traum. Außerdem habe ich längst meine Liebe mit meinem Freund gefunden. Trotzdem fand ich die Fröschen ganz niedlich. Deshalb überlegte ich, wie ich ein paar davon in meine Aquarien integrieren könnte. Hajo hatte die Idee dazu. Er schenkte mir winzige Zwergkrallenfrösche. Die leben nun in einem meiner Nano-Becken. Sie bleiben stets im Wasser, so dass ich nicht in Versuchung komme, einen davon zu küssen. Ich füttere sie mit Wasserflöhen und Roten Mückenlarven. Außerdem sind sie friedlich und still, wie meine Fische. Manchmal ist das sehr schön. Also kein Enie-Terrarium, dafür aber ein Aquarium mehr, ein froschiges.

So sehen sie aus, die amphibischen Bewohner meiner Aquarien: Zwergkrallenfrösche

# ENIES KLEINE AQUARIENPLAUDEREI

Seitdem ich immer mal in Talkshows davon erzählt habe, dass ich Aquarien liebe, werde ich als Hobbyfachfrau um Rat gebeten. Ich bin aber gar keine so gute Spezialistin und muss oft andere, richtige Fachleute fragen. Wenn ich ein Problem mit meinen Fischen oder Pflanzen habe, rufe ich bei „Aquarium Meyer" in Berlin an. Diese spezialisierte Zoofachhandlung ist nicht weit weg von mir. Manchmal fahre ich hin. Dann vergucke ich mich gleich wieder in neue Tiere. Also ist es besser, wenn jemand zu mir kommt, um einen tropfenden Filter oder ein anderes Problem zu beheben. Außerdem habe ich mich für die Firma Dennerle für Werbezwecke zur Verfügung gestellt. Ich finde nämlich, dass zu wenige Prominente über ihr aquaristisches Hobby erzählen oder damit repräsentieren. Das ist wichtig, weil immer wieder versucht wird, die Heimtierpflege in Frage zu stellen. Ich zeige mich angezogen für Tiere in Menschenobhut. Nicht un(an)gezogen, wie leider viele meiner Kollegen, gegen Tierhaltung und gegen eine biologische Sicht. Das hat mit Wissen zu tun. Ich war doch auch zu Anfang unerfahren und habe viele Fehler gemacht. Mache ich noch heute! Aber man muss sich mit Tieren beschäftigen, um die Zusammenhänge zu verstehen. Wenn alles verboten ist, liebt keiner mehr das, was er nicht kennt.

Als Dekorateurin habe ich viel Freude daran, Aquarien zu gestalten. Noch schöner finde ich es, von Profis eingerichtete zu betrachten. Dazu habe ich oft Gelegenheit. Weil ich gern auf Fachmessen oder in Schauaquarien bin, wo man zauberhaft eingerichtete Aquarien bewundern kann. Einmal war ich sogar der Mittelpunkt einer solchen Show. Die Wasserpflanzenzüchter von Dennerle hatten nämlich eine rosablättrige Pflanze nach mir benannt. Ich durfte sie taufen während der größten internationalen Fachmesse „Interzoo". Nun heißt sie *Rotala* sp. „Enie". Eine Schönheit, das muss ich zugeben. Natürlich pflege ich sie auch in meinen Aquarien. Das ist nicht so einfach, weil diese Stängelpflanze viel Licht und eine Kohlendioxid-Düngung benötigt. Immer wieder muss ich die Stängel kürzen, damit das „Enie"-Büschelchen in Form bleibt. Aber mir macht das Spaß, denn auch Pflanzen gehören zu meinen Lieblingen. Aber die Tiere spielen die Hauptrolle in meinen Aquarien.

Manchmal verharre ich stundenlang vor einem Aquarium, manche meiner Freunde können das gar nicht verstehen

**Frank FREITAG zeigt mir, wie dieses Durchschwimm-Aquarium funktioniert**

Natürlich habe ich so meine Vorstellung davon, wie ein Aquarium gestaltet und wo es aufgestellt sein sollte. Ich bin da aber sehr offen. Es gibt viel, was mir gefällt. Auch ganz abgefahrene Sachen. Bei „Aquarium Meyer" steht ja das berühmte Doppelbecken mit Verbindungsröhre. Da können die Neons zu ihren Nachbarn schwimmen. Es ist ungewöhnlich und sehr schön. Wäre es zu dicht bepflanzt, würde dieser Effekt verpuffen. Dieses Aquarium besteht wie meins aus Plexiglas. Ich kann mich immer mal über Reinigungsmethoden austauschen. Bei diesen Scheiben muss man nämlich gut aufpassen, damit man beim Putzen nichts verkratzt.

Und dann sind da die Wettbewerbe für Aquarieneinrichtung. So etwas gibt es live auf Messen oder mittels Fotos im Web. Da stellen sich die Aquascaper der Konkurrenz. Und die ist enorm. Immer mehr Leute, vor allem viele junge Aquarianer, finden Freude am wässrigen Gestalten. Eigentlich sind die Regeln gleich. Auf dem Trockenen und im Wasser. Wer dekorieren will, muss versuchen, vielen zu gefallen. Denn wozu

Eine Pflanze zum Rotwerden für mich, die nach mir benannte *Rotala* sp. „Enie"

Hier fehlen doch nur noch die Trolle, vielleicht schlummert einer hinter dem Stein ganz rechts

Obwohl solche Steingärten sehr edel wirken – mir fehlen hier die Fische, sonst sieht es aus wie ein Friedhof

dekoriert man ein Schaufenster, eine Bühne oder einen öffentlichen Raum? Um bei anderen einen guten Eindruck zu hinterlassen. Wer möchte das nicht? Zumindest, wenn man normal veranlagt ist und auf die Meinung anderer Wert legt. Manche machen sogar viel Geld damit, weil sie genau den Nerv der meisten Leute treffen. Das sind dann die Star-Dekorateure.

Reich bin ich durch mein Dekorieren am Anfang meiner Laufbahn nicht geworden. Der Ruhm kam dann später durch etwas ganz Anderes. Trotzdem baten mich die Leute von Dennerle, mal ein kleines Aquarium so zu gestalten, wie ich es schön finden würde. Nicht die Bepflanzung innen. Nein, außen. Ich hatte eine Idee: Schon immer fand ich die runden Bögen der alten Zooaquarienhäuser schön. Sie erinnerten mich an romanische Rundbögen. Aber mich störte die Dunkelheit in den Besucherräumen. Ich wusste zwar, warum man das so gemacht hat. Schließlich waren vor hundert Jahren die

Lampen noch nicht so leistungsfähig wie
heute. Da musste das Licht dort, wo
man den Blick der Leute hinlenken wollte, am hellsten sein. Heute geht das
auch anders. Deshalb schlug ich vor,
eine bogenartig angelegte Sichtblende
aus weißem Material am Becken anzu-
bringen. Hell und doch mit Sichttunnel-
effekt. Dieses Modell wurde hergestellt
und nach mir benannt. Sicherheitshalber
in nicht all zu großer Auflage, denn ich
bin ja kein Stardesigner. Die Fachleute
fanden das auch aus einem anderen
Grund gar nicht so schlecht. In einem
kleinen Aquarium sind die Fische oft

Seerosen können auch unter Wasser schön sein, hier eine mit roten Blättern in der gezähmten grünen Wildnis

Das ist mein von Dennerle produziertes Nano-Aquarium, das einen ovalen Durchblick erlaubt

gestresst. Durch meine Verblendung
können sie sich nun in die nicht einseh-
baren Ecken zurückziehen. Wenn jede
meiner Verblendungen einen so sinnvol-
len Effekt hätte, wäre ich sicher stein-
reich. Jedenfalls ist die Sache nicht
schädlich für die Pfleglinge. Gut, nicht?

Es gibt Aquarien, die finde ich sehr schön, aber ich würde sie mir nicht so einrichten. Dazu gehören die Malawi-Becken. Man findet sie sehr oft, weil sie sich in Gegenden mit hartem Leitungswasser am einfachsten pflegen lassen. Und wo gibt es schon weiches Wasser. Klar, die Fische sind kunterbunt und wunderschön. Viele Arten werden aber zu groß für ein Aquarium, wie ich es gern betreibe. Außerdem sind viele von ihnen ruppig. Da kann man keine feinfiederigen Pflanzen zum Gestalten verwenden.

Am liebsten mag ich ja so dekorierte Aquarien, die an einen Steingarten ern-

Fünfgürtelbarben über einem Aquariensteingarten, wie ich ihn liebe

Malawis sind schön, aber nicht so mein Ding

Die Spur im weißen Sand, und dann noch Segelflosser und Neonsalmler, zauberhaft, oder?

nern. Keine oder nur sehr wenige hoch wachsende Pflanzen. Am schönsten ist es, wenn nur Moose über Boden und Wurzeln wuchern. Wie an einem Bergbach im Spritzwasser. Dann wirken Steine wie natürliche Felsen. So etwas gibt es auch in der japanischen Gartenkunst. Nur selten findet man solche Unterwasserlandschaften in der Natur. Aber das trifft ja auch auf die vielen historischen Parkanlagen zu, die vielerorts erhalten geblieben sind und sogar unter Denkmalsschutz stehen. Alles ist erlaubt, was nicht das Lebensgleichgewicht zu sehr durcheinander bringt. Also auch im Aquarium.

Wenn ich hier über meine Vorlieben, natürlich nur meine aquaristischen, berichte, gehören dazu auch die aristokratischen Fische. Für sie braucht man geräumige Aquarien, so groß, wie ich sie bei mir zu Hause nicht mag und auch nicht pflegen möchte. Ich meine damit die majestätischen Segelflosser, die von allen nur Skalare genannt werden. Aber der deutsche Name trifft ihr Aussehen viel besser. Es sind Buntbarsche, die seit vielen Jahrzehnten gepflegt werden. Es gibt unzählige Zuchtformen. Welche mit Marmormuster oder mit gelber Farbe und orangerotem Käppchen. Sogar fast schwarze Segelflosser schweben wie schwarze Engel durchs Aquarium. Das beste Geschenk für einen Trauerfall bei Aquarianern.

Aber neben diesen königlichen Hoheiten gibt es auch kaiserliche unter den Aquarienfischen: die Diskusbuntbarsche. Meist nennt man sie einfach Diskus. Das erinnert mich wieder an Disco und macht gleich gute Laune. So langsam und hoheitlich wie diese Fische schwimmt niemand sonst. Diskus sind etwas für erfahrene Aquarianer. Klar, auch sie brauchen viel Platz, also scheiden sie ohnehin für mich aus. Aber ich hätte auch zu viel Respekt vor den durchlauchtigen Schöneiten. Sie brauchen besonders aufbereitetes Wasser. Außerdem eine hohe Wassertemperatur. Und sie haben etwas Besonderes: Ihre

Hoheiten unter sich: An einigen Stellen scheint bei diesen Diskusfischen das blaue Blut durch, oder irre ich mich da?

Jungen ernähren sich von der Haut der Eltern. Wenn ich beim Peeling immer einen Rest für meinen Nachwuchs zurücklegen müsste, wäre mir das lästig. Aber bei den Diskusfischen klappt das gut. So stehe ich und bestaune sie in einem Schauaquarium.

# MEINE NASSEN PFERDETRÄUME

Alle sagen immer, dass jedes Mädchen mal von Pferden träumt. Zuerst von süßen Ponys, später dann von starken Hengsten. Ich hatte nie solche Ersatzobjekte für meine Gefühle. Ich traf gleich das, was ich wollte und was mich glücklich machte. Das ist bis heute so geblieben. Bis auf eine Ausnahme: Meine Träume von den nassen Pferden. Ich habe die Wortstellung im Satz nur unwesentlich verändert. Seit ich nämlich Seepferdchen gesehen habe, ist es um mich geschehen.

Es war irgendwann in meiner Kindheit, als ich meine Eltern darum bat, mir doch bitte endlich die lebenden Vorbilder der so oft in Trickfilmen oder Büchern dargestellten Seepferdchen zu zeigen. Endlich sah ich sie. Im Schauaquarium eines Meeresmuseums als wir im Urlaub waren. Natürlich an der See. Sie bekamen mich nicht mehr weg von der Scheibe des Pferdebeckens. Da waren noch so viele andere Pferdeliebhaber und vor allem -innen, aber ich ließ niemand heran. Das waren meine. Und sie waren so süüüüß! Wie kann es nur sein, dass sie im Wasser leben? Dass man sie nicht mal anfassen oder, noch besser, knuddeln kann. Wie so richtige kleine Ponys. Ich verteidigte sie gegen die anderen. Meine Eltern stritten sich inzwischen mit den Erziehungsberechtigten der Konkurrenz. Meine Eltern

Es sieht aus wie ein kleines Kinderbonbon aus Gelatine, dieses Zwergseepferdchen an seiner roten Koralle

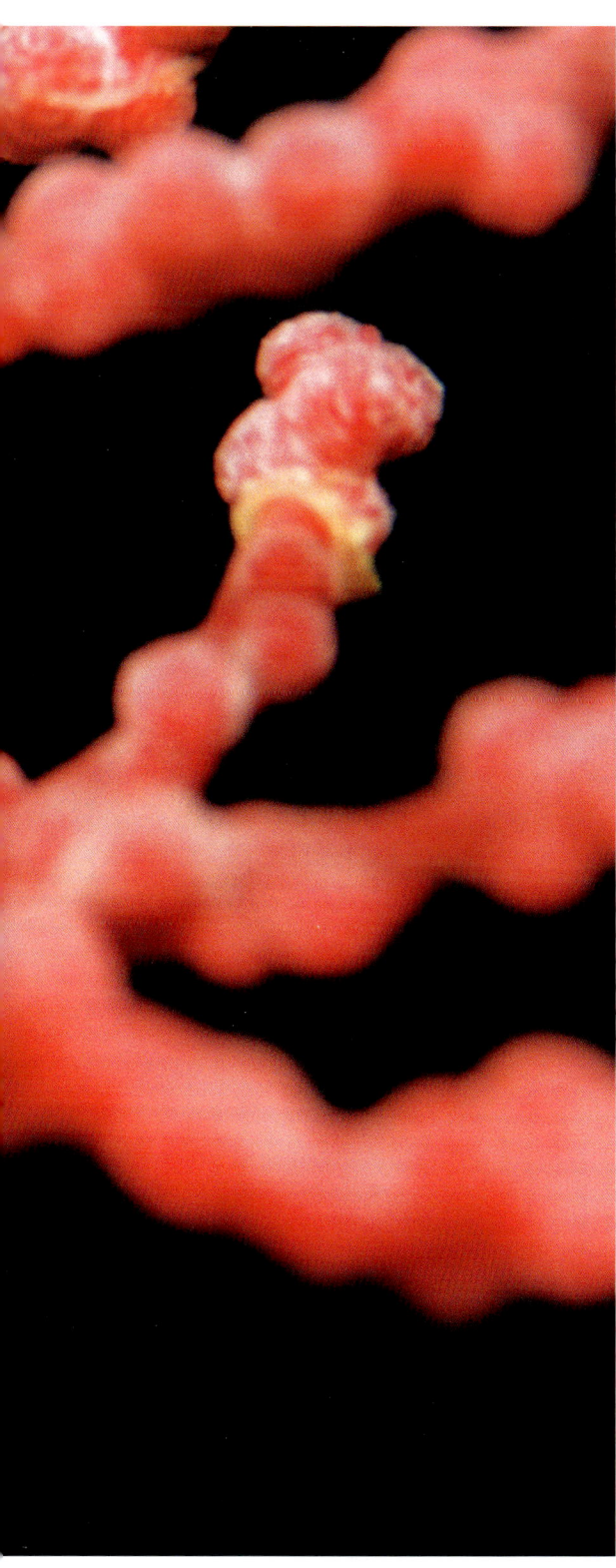

wurden immer saurer auf mich. Längst hatten sie bereut, mich in das Schauaquarium mitgenommen zu haben. Aber da mussten sie nun durch. Ich blieb hart.

Als das Museum schloss, blieb mir nichts anderes übrig, als mitzugehen. Zurück ins Urlaubsdomizil. Aber das verklärte Lächeln auf meinem Gesicht muss sich noch tagelang gehalten haben. Jedenfalls deuteten einige der Jungs am Strand diesen grinsenden Ausdruck als verliebte Anmache. Dabei galt das doch den echten aquatischen Hengstchen, die ich hintergeistig permanent anhimmelte. Oder besser: anwässerte.

Heute sind Seepferdchen nicht mehr so selten. Sie werden oft gezüchtet und man kann sie selbst in relativ kleinen Aquarien gut pflegen. Vielleicht wage ich mich doch mal an die Meerwasseraquaristik. So schwer kann das ja auch nicht sein. Dann hätte ich sie stets in meiner Nähe, meine nassen Traumobjekte. Und sie würden mir

Junge Seepferdchen gibt es mittlerweile in allen guten Zoofachgeschäften, die auch Meerwassertiere führen

nicht viele Pferdeäppel oder anderen Mist aufbürden. Sie sind ja so klein, dass man kein Stallpersonal braucht.

Seepferdchen sind kleine Fische mit einem Röhrenmaul. Ja, sie haben auch ein geschicktes Schwänzchen. Damit halten sie sich an Tangen oder Korallen fest, indem sie die Spitze drum herum wickeln. Und dann die Fortpflanzung! Was kann man sich als Frau besseres wünschen als eine Nachwuchsbetreuung durch den Mann? Nun gibt es ja in Deutschland mittlerweile den Seepferdchen nachempfundene Gesetze, so dass auch ab und zu die Männer ran könnten. Aber bei diesen Fischen kommt hinzu, dass der Vater seine Brut richtig im Körper ausbrütet. Dazu dient ihm eine Brusttasche. Männer sollen gern mit einem Brustbeutel für die Wertsachen unterwegs sein. Na lassen wir sie doch künftig einfach die Em-

Seenadeln sind die nächsten Verwandten der kleinen Wassergäule, hier die aparten Zebraseenadeln

bryonen mitschleppen, dann haben die Frauen nicht solche Riesenbäuche. Sie müssen auch nicht zur Schwangerengymnastik. Und danach gibt es keinen Ärger wegen der Rückführung in die Urform. Denn meistens entgleisen einem ja so manche Körperregionen während der Trächtigkeit ins Unförmige. Also noch mehr wäre schön. Los, Bioniker, kümmert euch! Die Natur hat doch schon eine Lösung geliefert.

Bis ich mich selbst an die Pferde herantraue, besuche ich sie regelmäßig, zum Beispiel im „Aquadom". Dort sind immer trächtige Männchen zu bewundern. Aber auch andere, die sich wie in Scheinschwangerschaft aufblähen. Sie imponieren einander. Das wirkt manchmal sehr komisch. Und wenn sie gefüttert werden, bekommen sie sehr kleine Krebschen, die sie in ihr Röhrenmäulchen hineinziehen können. Das ist wie die Ernährung durch einen Trinkhalm. Man nimmt keine großen Bissen und wird nicht dick.

Zu Besuch bei meinen Lieblingen im „Sealife "und „Aquadom" Berlin

Mit aufgeblähtem Bauch imponiert dieser Kleine, will er vor mir Eindruck schinden?

Mit dem geschickten Greifschwanz umfasst ein Seepferdchen Tangzweige

Die Augen der See-
pferdchen wirken so,
als würden sie mich
ansehen. Sie erschei-
nen sehr beweglich.
Ob sie das wirklich
sind? Manchmal erin-
nern sie mich an die
eines Chamaeleons.
Die sind nämlich
unabhängig vonein-
ander beweglich.
Aber Seepferdchen
können auch wie die
Chamaeleons sehr
unterschiedlich
gefärbt sein. Es gibt
schwarze, braune,

**Krönchen und treuer Blick – vielleicht ist das der verwunschene Prinz, nicht der Frosch?**

gelbe und rote, die alle zur gleichen Art gehören.

Am süßesten sind ja die winzigen Zwergseepferdchen. Weil sie so groß wie ein Fingernagel sind, wurden sie erst vor wenigen Jahren durch Taucher entdeckt.

Das süßeste Tier der Meereswelt: Das Bargibanti-Zwergseepferdchen

Man sieht sie auch kaum, denn sie leben auf solchen Korallen, die fächerartig gewachsen oder fein verzweigt sind. Diese Zwerge passen sich in Körperform und Zeichnung perfekt an. Und ihre süßen Gesichtchen! Kann nicht jemand solche Plüschtiere herstellen?

Na ja, es gibt auch andere Seepferdchenverwandte. Sie sehen nicht wie die Meergäule aus, eher wie Trompeten oder andere Blechblasinstrumente. Manche sind wegen ihrer Körperanhänge „Fetzenfische" genannt worden. Die meisten sind überaus dünn. Sie sehen wie Nadeln aus. Sie können bunt sein oder schlicht wie ein Seegrashalm, die Seenadeln. Ob es stimmt, dass sie von den Seekühen zum Stricken verwendet werden?

# FANTASTISCHE FISCHFIBEL

Für mich und alle anderen, die sich wissenschaftliche Namen nicht so gut erschließen können, gibt es deutsche Namen für die Fische. Zoologen nennen sie Trivialnamen. Meistens entstanden sie im Volksmund, weil jeder so seine Fantasie hat, wenn er ein Tier betrachtet. Mir geht das ja auch so. Bloß ertappe ich mich immer wieder dabei, dass es nicht beim Namen bleibt. Und ganz besonders viele Gedanken schießen mir durch den Kopf, wenn ich einen Fisch sehe und dazu einen originellen Namen lese. Häufig erlebe ich so etwas in einem Schauaquarium. Manchmal aber auch, wenn ich ein Aquarienbuch durchblättere. Da kommt mir oft das Schmunzeln. Was kann ich mir vorstellen unter einem Rotwein-Kampffisch? Einen, der erst richtig in Fahrt kommt, wenn er einen geschnasselt hat? Oder lässt er sich beschwichtigen mit Rotwein? Der links abgebildete Fisch ist übrigens ein Honiggurami. Allerdings eine Zuchtform, die rot aussieht, so dass keiner mehr erkennt, warum dieser Fisch eigentlich nach der Honigfarbe benannt wurde. Vielleicht hat das Schlecker-mäulchen ein bisschen vom Blutsalmler abbekommen, wenn der auf vampirischen Pfaden war? Weil in ein anständiges Aquarienbuch auch ein spezieller Teil über die Pfleglinge gehört, habe ich mal einige meiner Gedanken zu Fischnamen aufgeschrieben.

# Pinguinsalmler

Meine Lieblingsvögel sind Pinguine.
Und nun noch ein Fisch, der ein bisschen so aussieht als hätte er einen Frack
an, zumindest eine Seite davon. Die
untere Hälfte der Schwanzflosse ist der
schwarze Pinguinflügel. Ob er sich wohl
auch watschelnd fortbewegt? Wohl eher
nicht. Aber dieser Fisch steht immer
ungewöhnlich schief im Wasser. Deshalb
heißt seine Verwandtschaft auch „die
Schrägsteher". Das kann man natürlich
von Pinguinen nicht behaupten. Die stehen und laufen aufrecht. Deshalb liebe
ich sie auch, weil sie mich so sehr an tol-
patschige „feine Herren" erinnern.

Pinguinsalmler, *Thayeria obliqua*

# Schlusslichtpiranha

Piranhas kennt man, diese in Massen auftretenden zähnewetzenden Ungeheuer indianischer Flüsse. Aber so blutrünstig wie in den Erzählungen sind sie ja gar nicht. Zumindest meistens. Außerdem ist jeder Räuber hoch sensibel. So auch Piranhas. Nun stelle man sich aber mal einen Trupp vor, bei dem einer immer zurückbleibt. Das Schlusslicht darstellt. Und dieser arme Kerl findet auch noch Gleichgesinnte. So entstand vielleicht die neue Art des Schlusslichtpiranhas. Isoliert durch ihre lahme Zurückgebliebenheit. So ein bisschen Restleuchten am Ende des Schwarms.

**Schlusslichtpiranha,** *Pristobrycon calmoni*

# Zorniger Zwergpfeilsalmler

Es gibt die Wadenbeißer. Klein, bissig und unangenehm. Aber im Wasser? Da lauert der Zornige Zwergpfeilsalmler und schießt seine Waffen auf vorüber eilende Fische. So ein gemeiner Gnom! Würde er wenigstens Liebespfeile wie die Schnecken absondern. Aber so, der böse Zwerg. Warum mancher knochige Bodenrutscher bloß so viel Zorn entwickelt. Muss das denn sein? Alles läuft einträchtig im Fluss. Behäbigkeit und Munterkeit gibt es, je nach Fisch. Aber Zorn! Wäre es wenigstens ein zorniger Riese, da könnte man Achtung haben, aber so ein Pfeilzwerg!

Zorniger Zwergpfeilsalmler, *Odontocharacidium aphanes*

# Tangasalmler

Diese erotischen Fische sind in den Aquarien der Tabledance-Bars zu finden. Dort werden sie als Vorbilder für die menschlichen Akteure gehalten. Die besten Callgirls und Callboys sollen ihre Ausbildung bei den Tangasalmlern bekommen haben. So ein manchmal auch „Flensburger Uhse-Fisch" genanntes Tier hat seinen Wert. Immerhin ist es wie in anderen Ausbildungsberufen so etwas wie ein Personal Trainer. Also eine lebende Lern-DVD, dreidimensional. Nur muss man sie ab und zu füttern. Doch nicht zu reichlich, damit der eng anliegende Tanga nicht reißt.

Tangasalmler, *Rhabdalestes tangensis*

# Streber

Manchmal heißt es, er sei bei uns schon ausgestorben, der Streber. Doch dann findet man einen irgendwo in einer Klasse. In einer Berufsschule oder beim Studium. Meistens sind diese spindeldürren Einzelgänger auch noch ungemein unattraktiv. Wer will sich schon mit einem Streber abgeben? Ein besserwisserischer Aquarienpflegling ist nichts für mich. Ich war ja hinlänglich intelligent und nicht faul in der Schule. Aber auch keine übereifrige Lehrerlieblingsschülerin. Ich kenne niemand, der streberverliebt gewesen wäre. Deshalb bleiben diese Streber einsam und verbittert.

Streber, *Zingel streber*

# Perlfisch, Frauenfisch

Ja wie schön ist denn das, ein Frauenfisch mit Perlen, ein Perlenfisch für Frauen. So gewinnt man das weibliche Geschlecht fürs Hobby. Dass es sich bei den Perlen sogar um ein Zeichen der Paarungsbereitschaft handelt, wissen viele Ignoranten nicht. Wer aber ein Frauenkenner ist, achtet auf diese Signale. Nur umgekehrt funktioniert es wohl nicht. Die perlenähnlich wirkenden Pusteln sind ein Laichausschlag zur Paarungszeit. Nennt man allerdings die Perlen einer reich behängten Dame ebenso, gibt es Ärger: Haben Sie aber heute einen schönen Laichausschlag!

Perlfisch, Frauenfisch, *Rutilus meidingeri*

# Rotbart-Tannenzapfenwels

Ritter Rotbart dürfte manchem noch bekannt sein. Ich meine, vom Namen her. Ich mag ja rothaarige Jungs. Vielleicht hätte er eine Chance bei mir gehabt, der Rotbart. Er soll in den Tannenwäldern gelebt haben, versteckt und naturnah. Vielleicht aß er gern Fisch. Und wenn sich unter seinen am Lagerfeuer gebruzelten Speisen ein Wels befunden haben sollte, wäre das also ein Rotbart-Tannenzapfenwels. Wie geschichtsträchtig doch Aquaristik sein kann. Was man dabei so alles über seine Vorfahren lernt. Und sogar noch über die Rittersleut.

Rotbart-Tannenzapfenwels, P*seudorinelepis* sp. (L95)

# Antennenwels

Eigentlich braucht man diese Fische nicht mehr. Alle sind verkabelt oder empfangen über Satellit. Manchmal überkommt es einen allerdings. Dann möchte man nostalgisch werden, den alten holzfurnierten Volksempfänger wieder vorholen und über Antenne dem Geschehen der Welt lauschen. Wer dann keine Antenne zur Hand hat, ist gut beraten, auch mindestens einen Antennenwels im Aquarium zu pflegen. Man schließt einfach das Filter-Austrittrohr mit dem Radio kurz: Die Sendung bietet klassisches anheimelndes Plätschern in moderater Lautsärke, Andante.

Antennenwels, *Ancistrus* sp.

# Mitternachtswels

Wieder so ein nächtlicher Wüstlingsfisch.
Wenn um Mitternacht der Mitternachtswels seine Höhle verlässt, sperrt man am
besten die zarten Jungfern weg. Er ist
nächtens nur darauf aus, Opfer zu finden. Er schändet alles, sogar die Schande
selbst. Und die Tochter der Schande, das
kleine Schändchen. Die Kinder von
Mitternachtswels und Schande haben
alle ein Schandmaul. Woher ich das
weiß? Aus dem Mitternachtswelser,
einem Buch, in dem alle Schandtaten
des Mitternachtswelses zusammengetra-
gen wurden. Es dient weltweit als
Warnung vor der Schande.

Mitternachtswels, *Auchenipterus coricoideus*

# Aschenputtel-Buntbarsch

Wie habe ich das Märchen von Aschenputtel geliebt. Endlich ist das fleißige Mädchen von seinem Prinzen gefunden und auf den Thron gehoben worden. Doch wer macht nun die Asche weg? Der Aschenputtel-Buntbarsch. Um nicht mit dem alten Aschenputtel verwechselt zu werden, hat ihn die Natur gleich bunt gemacht, also nicht grau. Sonst hätte ja auch eine graue Maus diese Tätigkeit übernehmen können. Aber der Aschenputtel-Buntbarsch ist ein fleißiger Pflegling, dessen Anschaffung sich für jeden Haushalt lohnt, in dem irgendwo ein Aquarium steht.

Aschenputtel-Buntbarsch, *Teleocichla cinderella*

# Transvestiten-Buntbarsch

Hätte er wenigstens ein paar Bart-
stoppeln oder vielleicht einen Schatten
von diesem Gesichtshaarwuchs. Aber
nein, nichts davon. Der Transvestiten-
Buntbarsch ist geschlechtlich nicht
erkennbar. Nicht einzuordnen. Wenn
man ihn kauft, braucht man den
Zoohändler auch gar nicht erst zu
ermahnen, dass in der Gruppe der ange-
schafften Tiere Männchen und
Weibchen sein sollten. Denn das geht
nicht. Das bringt nichts. Es ist außerdem
völlig unsinnig. Der Fisch selbst weiß ja
nicht mal, ob er sich vermehren soll,
kann oder es gern tun würde.

Transvestiten-Buntbarsch, *Nanochromis trnavestitus*

# Schachbrett-Cichlide

Warum gerade dieser Name? Was favori-
siert das Schachspiel dazu, dass man
nach ihm einen Fisch benannte? Ich hätte gern eine Monopoly-Karausche. Oder
eine Mausardelle. Viel lieber noch hätte
ich so ein paar tolle Dame-Hechtlinge
im Aquarium. Da gäbe es was zu schau-
en. Aber gerade dieses langsame, triste
Spiel für Leute, die mit ihren Hirn-
windungen außer Labyrinthspielchen
wirklich nichts anderes zu tun haben, als
Figürchen über kleinkariert gemusterte
Bretter zu schupsen. Ich erfinde jetzt
mal einen Mensch-ärgere-dich-nicht-
Fisch zur Rettung des Zoofachhandels.

Schachbrett-Cichlide, *Dicrossus maculatus*

# Gertruds Blauauge

Wieder mal war Gertrud mit diesem Typ
von nebenan zusammen. Dummerweise
kam Egon diesmal früher nach Hause.
Da lagen sie noch, die beiden. Ihren
Akt hatten sie genussvoll hinter sich gebracht, aber das Bettzeug war zerwühlt
und die Miederware lag noch rum. Angesichts dieser verstreuten Miederware
drang in Egon Unwill nach oben. Er war
binnen kurzer Zeit nicht mehr in der
Lage, seine Motorik zu kontrollieren.
Aller Missmut drang in Egons Faust und
diese in Gertruds Gesicht. So entstand
ein überaus treuloser Fisch, Gertruds
Blauauge.

Gertruds Blauauge, *Pseudomugil gertrudae*

# Schokoladen-Buschfisch

Wenn im Busch die Schokoladenseite gezeigt wird, kann das vielleicht sehr lecker sein. Vielleicht aber auch etwas anderes Süßes? Jedenfalls lockt man mit einem schlichten Buschfisch kaum einen Aquarianer ins Zoofachgeschäft. Es ist wie mit den Mintkissen, die ich früher gern gegessen habe. Oder mit Schoko–küssen. Der Schokoladenüberzug macht es. Und wenn man den Buschfisch erst mal im Aquarium hat, muss man ihn sich gut erziehen, denn nur eine, seine Schokoladenseite, ist wirklich schön, die zeigt er bloß kaum einmal. Am besten nur von links füttern, dann klappt es.

Schokoladen-Buschfisch, *Ctenopoma ocellatum*

# Butler-Molly

Das ist ein Fisch für ganz faule
Aquarianer. Auch ich habe ihn schon
ausprobiert und kann ihn wärmstens
weiter empfehlen. Der Butler-Molly hilft
in jeder Lebenslage. Er verrichtet den
Wasserwechsel im Aquarium. Unaufge-
fordert. Immer, wenn es Zeit dafür ist.
Er saugt mit seinem spitzen Mäulchen
den Mulm ab und entsorgt ihn. Er füttert sich selbst und seine Mitbewohner.
Er reinigt die Scheiben. Sogar die
Pflanzen werden von ihm gedüngt, er
scheißt einfach drauf. So etwas ist doch
der Traumfisch schlechthin. Und er wird
alt, kann selbst über Tigerköpfe stolpern.

Butler-Molly, *Poecilia butleri*

# Mopskopf

Möpse – Loriots und meine Lieblings-
hunde! Und dann noch ein Fisch, der
diesen Namen trägt und zudem ein bisschen so aussieht wie ein Mops. Die pos-
sierlichen Glubschaugen füttern das
Kindchenschema-Süßfinde-Gen. Ob es
auch Wald-Mopsköpfe gibt? Vielleicht so
was wie eine Kreuzung zwischen Haus-
mopskopf und Antennenwels? Auch
wenn die Verwandtschaft nicht so eng zu
sein scheint, müsste doch ein Antennen-
welsweibchen prinzipiell gut empfänglich
sein. Auch für ein Mopskopf-Männchen.
Und dann wären sie da, die Waldmops-
köpfchen für mein Aquarium.

**Mopskopf,** *Pituna compacta*

# Orient-Süßlippe

Ein richtiger Harem ist nur im Orient zu
finden. Und wie es sich gehört, wird
dort viel mit den Lippen gemacht. Alles
nur Lippenbekenntnisse, sagte mal
jemand. In diesem Fall Süßlippenbe-
kenntnisse. Und was die Süßlippen so
alles veranstalten. Sie können schamlos
ihre Süßlippen ausstülpen oder umgekehrt. Alles zur Freude des Harembe-
sitzers. Der liebt die Süße der Lippen.
Deshalb erscheint ein Aquarium mit diesen Rifffischen auch immer irgendwie
besabbert. Es sind extrem viel Schleim
absondernde Tiere, spezialisiert auf ori-
entalische Speichelleckerei.

Orient-Süßlippe, *Plectorhinchus orientalis*

# Schluckspecht

Wer glaubt, dass es sich bei diesem Tier um einen Vogel handelt, der irrt. Denn nicht nur Vögel sind Schluckspechte, sondern auch andere Wesen. Unser Schluckspecht schluckt alles, was irgendwie in seinen Rachen passt. Wäre er ein menschlicher Schluckspecht, dann würde er nicht nur ganze Flaschen, sondern sogar Fässer mitschlucken. Es soll vorgekommen sein, dass sogar ein Thekentisch abgeschluckt wurde. Verschluckt sich ein Schluckspecht, so bekommt er den sagenumwobenen fischigen Schluckab. Im Gegensatz zum Menschen, der hat dann Schluckauf.

Schluckspecht, *Rhinopias frondosa*

# Trompetenfisch

Wenn der Bürgermeister im Städtchen Trompete spielt, dann spielen auch viele andere dieses Instrument – sprichwörtlich. Wenn aber einer ein guter Bläser ist, sollte man es ihm nicht verwehren. Das wissen die Trompetenfische untereinander sehr genau. Auf den rechten Ton kommt es an. Trifft man ihn, dann darf geblasen werden. Und war das Blasen gut, gibt es bald Nachwuchs. Dann trompeten die übrigen Trompetenfische synchron ihr schrilles „Täräää!". Und viele kleine Bläser werden schon bald zu großen Bläsern, eine ganze Blechblaskapelle mitten im Meer.

Trompetenfisch, *Aulostomus chinensis*

# Flötenfisch

Noch so ein guter Bläser, der Flötenfisch. Aber er ist mit seinen Lippen diffi-
ziler. Viel enger kann er sie um das
Röhrchen legen als sonst ein Tier. Viel
feiner sind die Töne, die beim Blasen
entstehen. Vernimmt sie jemand, emp-
findet er das Glück der Blasenden mit.
Und Blasen steigen auf. Weithin sichtbar: Die Flötenfische haben wieder mal
ihre schönsten Töne abgesondert. Ganz
egal, ob Querflöterei, Panflöterei oder
Blockflöterei. Es macht Freude zu zweit
oder in der Gruppe. Man muss diese
Fische paarweise oder als Trupp pflegen,
nicht einzeln, sonst gehen sie flöten.

Flötenfisch, *Fistularia commersonii*

# Fetzenfisch

Da fliegen die Fetzen, wenn er kommt, der Fetzenfisch. Früher sagten wir „Das fetzt", aber heute hat die Fetzerei schon einige Fetzen lassen müssen. Fetzen davon findet man hier und da im südlichen Korallenmeer. Manchmal auch in Aquarien. Es ist schwer zu beurteilen, ob schon viele Fetzen fehlen. Dabei fetzen die Fetzenfischen gegenseitig niemals Fetzen heraus. Das machen immer nur andere, die sich dann mit fremden Fetzen schmücken und so tun, als wären sie Fetzenfische. Diese schändlichen Imitatoren nennt man auch die Camouflage-Fremdfetzlinge, fürchterlich!

Fetzenfisch, *Phyllopterus taeniolatus*

# Großaugen-Straßenkehrer

Wenn mal jeder Straßenkehrer große Augen hätte. Oder wenigstens gut sehende. Dann gäb es weniger Müll überall. Ein gut erzogener Straßenkehrer räumt ständig auf im Riffaquarium. Man trifft ihn stets eifrig flossenwedelnd bei seiner Tätigkeit an. Seine Augen sind stets weit aufgerissen, damit ihm kein Stäubchen, kein Exkrementwürstlein seiner Aquariengenossen entgeht. Und wenn er dann durch ist mit seinem eifrigen Tun, wirft ihm jeder der Mitbewohner des Beckens ein paar Futterstückchen hin. Der Großaugen-Straßenkehrer ist die Klofrau des Meerwasseraquariums.

Großaugen-Straßenkehrer, *Monotaxis grandoculus*

# Preußenfisch

Kein pflichtbewussterer Pflegling wurde
je in aquaristischen Gefilden wahrge-
nommen. Der Preußenfisch strotzt geradezu von Dienstbeflissenheit und büro-
kratischer Genauigkeit. Hält man mehrere Tiere dieser Art, dann stehen sie stets
im Pulk beieinander. Ausgerichtet in
Reih und Glied. Denjenigen mit der
breitesten Schulter wählen sie sich als
Obersten. Er bestimmt die Schwimm-
richtung. Er kommandiert alle. Manchmal dringt durch die Aquarienscheibe
ein „Flosse rechts!" oder „Stillge-
schwommen!" Dann weiß man, dass die
Preußenfische wieder exerzieren.

Preußenfisch, *Dascyllus aruanus*

# Koranfisch

Weibchen dieser absonderlichen Fische sind stets verschleiert. Männchen erscheinen sehr dominant und treiben ihre Partnerinnen bis aufs Äußerste. Es gibt auch Harems bei den Koranfischen. Manchmal wirft sich ein besonders vorwitziges Exemplar in die Filterkammer, um dort zu verenden, das Becken durch die Gammelsoße seiner sterblichen Hechselreste zu verderben und so andere mit sich in den Fischhimmel zu reißen. Ein solcher Selbstmordattentäter kann das biologische Gleichgewicht des Aquariums arg ins Wanken bringen, man hüte sich vor diesen Extremisten.

Koranfisch, *Pomacanthus semicirculatus*

# Langnasendoktor

Plastische Chirurgie hat schon immer die Gemüter bewegt. Dass aber nun ein stiller, zurückgezogen lebender Aquarianer nur durch die Pflege eines besonderen Fisches zu enormem Reichtum kommen kann, hätte ich nicht gedacht. Und doch: Hat man einen Langnasen-Doktor, kann man im Privatanzeigenteil aller Zeitungen werben: Übergroße Zinken werden durch die meisterhafte Kunstfertigkeit dieser Fische in Nullkommanix zu formschönen Riechkolben. Fast mit griechischer Formgebung. Wie sie das bloß machen, die Langnasen-Doktoren. Und dabei fressen sie nur Flockenfutter.

Langnasendoktor, *Naso brevirostris*

# Baskenmützen-Zackenbarsch

Ob sie sich einen Zacken abbrechen, die Basken, wenn ein Fisch an ihrer Separatistenbewegung teilhaben will? Jedenfalls sind diese Baskenmützen-Zackenbarsche eher von künstlerischer Natur. Sie erscheinen schon so, als würden sie im nächsten Augenblick einen Pinsel in die linke Brustflosse nehmen, um sich selbst tupfender Weise zu veredeln. Im Alter wächst die Baskenmütze auf diesen Fischen fest. Die Randkrempe wird immer größer. Schließlich können sie ihre Umgebung gar nicht mehr richtig sehen. Sie malen aber trotzdem das, was sie noch sehen, den Dunst der Umwelt.

Baskenmützen-Zackenbarsch, *Epinephelus fasciatus*

# NICHTFISCHIGES WASSERGETIER

Alles, was ich schon über die Fische und ihre Namen geschrieben habe, trifft natürlich auch auf die übrigen Wassertiere zu. Ich habe hier nur sehr wenige aufgeführt, obwohl ja gerade die kleinen Krebstiere immer beliebter werden. Woran das wohl liegt? Vielleicht, weil sie rückwärts gehen? Ist das der Trend der Zeit? Sicher nicht. Oder sind sie im Prinzip blau, so, wie der links abgebildete Krebs. Und der heißt auch noch „Blauer Zerstörer". Das passt zu manchen Game-Figuren. Wie aus einem Fantasy-Film entsprungen. Und doch lebendig, real und sogar relativ leicht zu pflegen. Das muss man erst mal bringen als Aquarienbewohner. Aber dann wären da ja auch noch die Nacktschnecken und andere, eher immobilienbewusst lebende Weichtiere. Sie werden nicht nur als Pflanzenvernichter geächtet, sondern liebevoll umsorgt. Wie sich die Zeiten ändern. Schließlich sollen auch wenige Beispiele für die skurrilen Amphibien und Reptilien genannt und gezeigt werden, die man ganz gut im Aquarium pflegen kann. Man erlebt deutlich mehr mit diesen Tieren als mit schnöde von links nach rechts schwimmenden Fischen. Richtige Kleinkriege, saftige Massensexszenen oder auch ein echtes Aus-der-Haut-Fahren bekommt man nur, wenn man mehr probiert im Aquarium als nur ein paar Pflanzen und die flöckchenverzehrenden Einheitsfische.

# Pipa

Manche sagen ja „Hintern" zum Allerwertesten. Ich sage „Po". Und eine Pipa hat auch einen Po, einen sehr berühmten. Nämlich den Pipapo. Er zeichnet sich durch seine absonderliche Form aus. Nach ihm ist in Norditalien sogar ein Fluss benannt worden. Aber als dort drum herum die Wälder gerodet waren, pipte es nicht mehr. Die Pipas gab es nicht mehr. Nur der Po war geblieben. Weil es nun nicht mehr schön war in dieser Gegend, dachten sich die Menschen ein böses Schimpfwort für den Fluss aus: Man fühlt sich wie am Po der Welt. Alles wegen der Pipen.

Pipa, *Pipa pipa*

# Furchenmolch

Außer den bekannten Lustmolchen haben sich noch andere dieser Schleimer auf Furchen spezialisiert. Ganz besonders die Furchenmolche. Sie schleimen sich gern ein, um tief in eine Furche eindringen zu dürfen. Besonders anfällig für Furchenmolchverführungen sind relativ betagte Furchenträgerinnen mit ihren tiefen Furchen. Darin verstecken sich die Molche gern sehr lange, bis auch das letzte bisschen Molchschleim dort hinein abgesondert worden ist. Die alten Furchenträgerinnen müssen dann damit leben. Diese Ferkelei der Molche bekommen sie nicht mehr heraus.

Furchenmolch, *Necturus maculosus*

# Schlammteufel

Schlammteufel werden in letzter Zeit
trotz der religiösen Verklärung breiter
Massen wieder beliebter. Angesichts der
journalistischen Schlammschlachten
gegen Prominente fallen ihre düsteren
Aktivitäten gar nicht mehr so auf.
Schlammteufel sind die Anstifter ärgster
Schlammschlachterei. Ihnen sind die
Wetterfroschskandale, Blaublüter-
Titelentzüge und sogar die heißen New
Yorker Bankschläfer-Putzaffären zu ver-
danken. Überall kleckern sie mit ihrem
Schlamm herum. Sie schleudern ihn mit-
tels breiter Schwanzfahne weit über
Kontinente und Standesgrenzen.

Schlammteufel, *Cryptobranchius alleganiensis*

# Fransenschildkröte

Irgendwie ähneln die Fransenschild-
kröten in ihrer Erscheinung den Fetzenfischen. Sie sind aber nicht näher
miteinander verwandt. Quasi wie ein
Trappermodell wirken sie irgendwie ein
wenig ausgefranst. Die Evolution hat
ihre Ziernähte nicht richtig verhäkelt,
aber das macht nichts. Denn dieser Look
ist nicht nur pflegeleicht, sondern kostet
in der Herstellung nicht so viel wie gut
vernähtes Zeugs. Und dann noch der
Preis dieser Fransen. Sie kosten ein
Vermögen, die unter dem Matamata-
Label erhältlichen Ausgefransten. Alle
sind glücklich, alle verdienen viel.

**Fransenschildkröte,** *Chelus fimbriatus*

# Zebra-Rennschnecke

Es ist schon eine Sache für sich, dass es überhaupt eine Rennschnecke gibt. Das muss ja bedeuten, sie misst ihre Renngeschwindigkeit mit anderen in einem Schneckenrennen. Dazu muss man allerdings viele Schnecken in einem schmalen, langen Aquarium beobachten. Nur wer gute Kondition hat, erlebt den Sieg, bevor er eingeschlafen ist. Vielleicht hat sich die Zebra-Rennschnecke das gestreifte Gehäuse angeschafft, damit man sie weithin als Siegerin inmitten der eintönigen Schnecken erkennen kann. Die Quagga-Rennschnecke kam leider nicht mehr mit, sie ist ausgestorben.

Zebra-Rennschnecke, *Vittina coromandeliana*

# Feenkrebs

Verkehrte Welt ist eine, die von Feen und Elfen dominiert wird. So dachte sich einmal ein Kiemenfußkrebs. Also drehte er sich um und schaffte sich sein Dasein auf dem Kopf. Fortan konnte er Feen und Elfen sehen. Er fächelte und hechelte unablässig nach ihnen. Unbedingt wollte er Kontakt haben in die Zwischenwelt. Vielleicht sogar abtauchen ins Märchen, um unsterblich zu sein. Denn Feenkrebse sind eigentlich sehr kurzlebig. Und vom vielen Winken mit dem Schwanz wurde dieser ganz rot und wund. Die Feen ließen den Krebstümpel austrocknen – aus der Traum.

**Feenkrebs, Anostraca sp.**

# Rote Biene

Eine Rote Biene, die roten Honig produziert, wäre ja noch eine schöne Er-
klärung für den roten Honiggurami vom
Fische-Kapitelbeginn. Aber es ist eine
Garnele, die so gar nichts mit Honig am
nicht vorhandenen Hut hat. Sie ist nicht
einmal so fleißig wie ein Bienchen. Auch
heißt sie nicht Maja. Nicht mal einen
Stachel hat sie. Kein Imker will sie und
mit einer Wabe kann sie auch nichts
anfangen. Wer hat sich bloß diesen idio-
tischen Namen „Rote Biene" für eine
winzige Garnele ausgedacht? Angesichts
der hohen Preise für diese Tiere wäre
„Teurer Zwerg" besser.

Rote Biene, *Caridina* cf. *cantonensis*

# Halloweenkrabbe

Man pflegt diese lustigen Krabben am besten in einem ausgehöhlten Kürbis, in dem sie sich immer wieder gern verstecken. Manchmal bringen sie ihn zum Leuchten, wenn sich ungebetene Gäste abends oder nachts zu lange bei einem Ruhe gewöhnten Aquarianer aufhalten. Halloweenkrabben lassen sich dazu erziehen, pünktlich auf Kommando im Kürbis zu spuken. Füttert man ihnen ab und zu karotinhaltige Nahrung, dann produzieren sie geradezu leuchtkugelartige Feuerwerkchen zur nächtlichen Geisterstunde. Achtung, gefährlich für Träger von Herzschrittmachern!

Halloweenkrabbe, *Gecarcinus ruricola*

# Faszination Nano:
# Natur erleben im Quadrat

## Nano Cubes

- Kleine Gemütlichmacher,
  die Wohlfühlatmosphäre schaffen.

- Ein lebendiges Bild mit
  beruhigender Wirkung.

- Einfach einzurichten,
  einfach zu pflegen,
  einfach schön.

# Farblos sind andere

**Einziges Hobbymagazin**
mit Süß- und Meerwasseraquaristik,
Terraristik und Teichkultur
**und mit 128 Seiten das stärkste!**
Mehr Informationen: www.tetra-verlag.de

Aquaristik
Fachmagazin

Amphiprion